U0232629

中国科普大奖图书典藏书系编委会

中国科普大奖图书典藏书系

田园卫士

王敬东◎著

长江出版传媒 | 湖北科学技术出版社

图书在版编目（CIP）数据

田园卫士 / 王敬东著. — 武汉 ：湖北科学技术出版社，2012.12（2017.2 重印）
（中国科普大奖图书典藏书系 / 叶永烈 刘嘉麒主编）
ISBN 978-7-5352-5389-7

Ⅰ. ①田… Ⅱ. ①王… Ⅲ. ①生物学－普及读物
Ⅳ. ①Q-49

中国版本图书馆CIP数据核字(2012)第307281号

责任编辑：王小芳　　封面设计：戴 旻

出版发行：湖北科学技术出版社　　电话：027-87679468
地　　址：武汉市雄楚大街268号　　邮编：430070
（湖北出版文化城B座13-14层）
网　　址：http://www.hbstp.com.cn

印　　刷：武汉立信邦和彩色印刷有限公司　　邮编：430026

700×1000　1/16　　12.5 印张　2 插页　153 千字
2013年1月第1版　　2017年2月第5次印刷
定价：22.00元

总序

ZONGXU

我热烈祝贺“中国科普大奖图书典藏书系”的出版！“空谈误国，实干兴邦。”习近平同志在参观《复兴之路》展览时讲得多么深刻！本书系的出版，正是科普工作实干的具体体现。

科普工作是一项功在当代、利在千秋的重要事业。1953年，毛泽东同志视察中国科学院紫金山天文台时说：“我们要多向群众介绍科学知识。”1988年，邓小平同志提出“科学技术是第一生产力”，而科学技术研究和科学技术普及是科学技术发展的双翼。1995年，江泽民同志提出在全国实施科教兴国的战略，而科普工作是科教兴国战略的一个重要组成部分。2003年，胡锦涛同志提出的科学发展观则既是科普工作的指导方针，又是科普工作的重要宣传内容；不是科学的发展，实质上就谈不上真正的可持续发展。

科普创作肩负着传播知识、激发兴趣、启迪智慧的重要责任。“科学求真，人文求善”，同时求美，优秀的科普作品不仅能带给人们真、善、美的阅读体验，还能引人深思，激发人们的求知欲、好奇心与创造力，从而提高个人乃至全民的科学文化素质。国民素质是第一国力。教育的宗旨，科普的目的，就是为了提高国民素质。只有全民的综合素质提高了，中国才有可能屹立于世界民族之林，才有可能实现习近平同志最近提出的中华民族的伟大复兴这个中国梦！

新中国成立以来，我国的科普事业经历了1949—1965年的创立与发展阶段；1966—1976年的中断与恢复阶段；1977—

1990年的恢复与发展阶段;1990—1999年的繁荣与进步阶段;2000年至今的创新发展阶段。60多年过去了,我国的科技水平已达到"可上九天揽月,可下五洋捉鳖"的地步,而伴随着我国社会主义事业日新月异的发展,我国的科普工作也早已是一派蒸蒸日上、欣欣向荣的景象,结出了累累硕果。同时,展望明天,科普工作如同科技工作,任务更加伟大、艰巨,前景更加辉煌、喜人。

"中国科普大奖图书典藏书系"正是在这60多年间,我国高水平原创科普作品的一次集中展示,书系中一部部不同时期、不同作者、不同题材、不同风格的优秀科普作品生动地反映出新中国成立以来中国科普创作走过的光辉历程。为了保证书系的高品位和高质量,编委会制定了严格的选编标准和原则:一、获得图书大奖的科普作品、科学文艺作品(包括科幻小说、科学小品、科学童话、科学诗歌、科学传记等);二、曾经产生很大影响、入选中小学教材的科普作家的作品;三、弘扬科学精神、普及科学知识、传播科学方法,时代精神与人文精神俱佳的优秀科普作品;四、每个作家只选编一部代表作。

在长长的书名和作者名单中,我看到了许多耳熟能详的名字,备感亲切。作者中有许多我国科技界、文化界、教育界的老前辈,其中有些已经过世;也有许多一直为科普事业辛勤耕耘的我的同事或同行;更有许多近年来在科普作品创作中取得突出成绩的后起之秀。在此,向他们致以崇高的敬意!

科普事业需要传承,需要发展,更需要开拓、创新!当今世界的科学技术在飞速发展、日新月异,人们的生活习惯和工作节奏也随着科学技术的进步在迅速变化。新的形势要求科普创作跟上时代的脚步,不断更新、创新。这就需要有更多的有志之士加入到科普创作的队伍中来,只有新的科普创作者不断涌现,新的优秀科普作品层出不穷,我国的科普事业才能继往开来,不断焕发出新的生命力,不断为推动科技发展、为提高国民素质做出更好、更多、更新的贡献。

“中国科普大奖图书典藏书系”承载着新中国成立60多年来科普创作的历史——历史是辉煌的，今天是美好的！未来是更加辉煌、更加美好的。我深信，我国社会各界有志之士一定会共同努力，把我国的科普事业推向新的高度，为全面建成小康社会和实现中华民族的伟大复兴做出我们应有的贡献！“会当凌绝顶，一览众山小”！

中国科学院院士
华中科技大学教授 杨叔子 二〇一二 九、廿八

目 录

上篇 蜜蜂的故事

下篇　田园卫士

SHANGPIAN

上篇

蜜蜂的故事

MIFENG DE GUSHI

蜜蜂的家庭成员

奇异的蜜蜂“城市”

春天来啦，太阳和鲜花带来了欢乐。哪里有花香，哪里就有蜜蜂的踪迹。

田野里，百花争艳。粉红色的桃花，淡紫色的丁香花，白色的梨花，还有黄色的油菜花，粉色的苹果花，红色的三叶草花……绽蕾怒放，散发出浓郁的香味，热烈地欢迎蜜蜂的来访。

万花丛中，一只只小蜜蜂熙熙攘攘，来来往往，挨次地亲吻着一朵朵娇艳的花儿。它们有的把身体探到花儿里，吮吸着花儿的甜汁，有的振动着双翅，把身体悬于不定的位置，在花蕊上搜集着花粉。

它们如此匆忙，如此专心，从不虚度一分一秒的时光。

当它们那鼓得发亮的肚子里，贮满了百花甜汁，那一对后腿的花粉篮里，装上了两颗滚圆的花粉团的时候，它们就暂时与花儿告别，返回自己的家乡。

蜜蜂的家乡，就是人们为它们设置的养蜂场。

养蜂场，那可真是一个奇异的地方。许许多多个不同颜色的蜂箱，整整齐齐地排列着，组成了一个繁荣的蜜蜂的“城市”。每个蜂箱的出入口那儿，工作进行得热火朝天。你看！它们轻盈地飞到空中，发出快乐的嗡嗡声，在蜂箱的上空打几个旋儿，然后飞向心爱的花朵去了。其中有几只蜜蜂，满载着花粉和花蜜，飞落下来了。这些蜜蜂飞落下来以后，好像要喘口气歇歇似的，先抖抖翅膀，然后，才雄赳赳地跑进自己家里去。也有的连家门也不进，把花粉和花蜜交给站在门口的蜜蜂"验收员"，立即又返回花丛中去……

蜜蜂，这是一种多么奇妙的生物！蜜蜂的生活是多么富有情趣啊！怪不得自古以来，许多诗人、作家都为它写过赞美的诗文。唐末五代的著名诗人罗隐，在他的《咏蜂》一诗里，曾这样写道：

> 不论平地与山尖，无限风光尽被占。
> 采得百花成蜜后，不知辛苦为谁甜？

"不知辛苦为谁甜？"诗人留下了这样一个耐人深思的问题。

只要了解一下蜜蜂的生活，这个问题就不难理解了。

蜜蜂是过着集体生活的昆虫。一窝蜜蜂就好比一个家庭。在每个家庭里，都包括母蜂、雄蜂和工蜂三种成员。

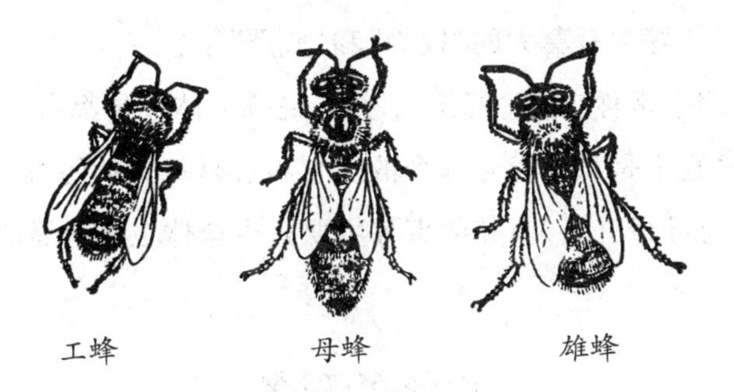

工蜂　　母蜂　　雄蜂

千千万万孩子的母亲

蜜蜂的家庭中，只有一只母蜂。

母蜂是蜜蜂家庭里的母亲。它和做工的蜂——工蜂的区别，就是它身体庞大，但不会采蜜和造巢。它是这个家庭里生殖器官发育完善的雌蜜蜂，产卵是它的唯一职务。

根据日本科学家丹藤太郎的研究，在春暖花开、蜜源丰富的季节里，母蜂一天可以产1500～2000个卵，而最健壮优良的母蜂，有时能产4000～5000个卵。

这是母蜂的最大贡献！

一只母蜂的体重相当于1500个卵子的重量，然而，在产卵旺盛的季节里，母蜂一天所产的卵，往往超过它本身体重的一至两倍。可以想象，这是何等惊人的繁殖力！

家庭里所有的成员，对待这唯一的母蜂，是非常尊敬和爱护的。

母蜂在产卵时，无论走到什么地方，总是有许多工蜂在一旁服侍着。它们把母蜂将要产卵的蜂房打扫干净；母蜂休息时，工蜂们就一口口地轮流着喂养这尊贵的母亲。当母蜂在巢脾上行动时，其他蜂看见母蜂过来了，便赶快给它“让路”；如果母蜂要从这一巢脾到另一巢脾去，工蜂们互相勾连起来，搭成一座临时的“桥”。

看来，母蜂好像有莫大的“权力”和“威严”了！

不。我们平常称它为“蜂王”，并不是说全体成员都由它带领的。其实，母蜂在家庭中是从不发号施令的。它不过是一架活的“产卵器”，家庭的兴旺固然与母蜂有关，而其他事务主要是由全体工蜂操纵的。

雄蜂的职务

在蜜蜂的家庭里，有几百只雄蜂。它们比工蜂大些，而比母蜂小些。它们身体结实，笨头笨脑，一对凸出的大眼睛在头顶几乎连在一起。它们没有螫(shì)刺，只有母蜂和工蜂才携带毒刺。

雄蜂是蜜蜂群中发音最响的一个，从表面看来，仿佛是它的工作最忙，完成采蜜的任务挺出色。实际上，它的一生除了与母蜂交配繁殖后代以外，其他什么事都不会干。在繁殖季节里，雄蜂们飞到空中，紧紧地追随在母蜂后面，与母蜂在空中举行婚礼。参加婚礼的雄蜂是很多的；然而，其中只有一只飞得最高最快的才和母蜂结婚。雄蜂一经与母蜂交配，它的生殖器官就脱落在母蜂的生殖器官上，所以不久就死亡了。

那些没有机会与母蜂交配的雄蜂，每天在蜂箱周围闲荡着。你别看它个子大，身体结实，却最懒惰。它们只要有蜜吃，就留在这儿，如果没有吃的，就到处乱飞。工蜂们不满意它们只消耗粮食而不干活。起初痛打它们；日子久了，工蜂们就把雄蜂一一驱逐出去。于是，它们就在外面过流浪生活。

晚秋时节，在野外花草丛中徘徊着的，就是这些无家可归饿得发慌的雄蜂。它们自己不会采集食物，所以很快就饿死在空旷的原野上，成了蚂蚁过冬的粮食。

到了第二年春天，蜂群里需要雄蜂的时候，母蜂在雄蜂房里产下未受精的卵，便孵化成雄蜂。

从不休息的劳动者

在蜜蜂的家庭中，工蜂的数目最多，有 3 万 ~ 7 万只。它们的生殖器官已经完全退化，不能繁殖后代，然而，它们是最勤劳的成员，担负着家庭的全部劳动。

清晨，出来迎接太阳的就是工蜂。

工蜂一生里的工作是按年龄分的。小小的工蜂出房后的第三天，在它们还不会飞的时候，就担当了清洁工和保姆的职务。它们用嘴把房间里的脏东西衔到外面去，并用花蜜和花粉做成的蜂粮去喂幼虫。

第六天，工蜂便分泌蜂乳，用蜂乳去喂母蜂和刚出壳的幼虫。它们还会酿蜜，做守卫工作。

第九天，工蜂们分泌蜂蜡，建筑巢房。

第十四天，工蜂就能飞出去吸水。

第二十一天，它们学会了飞行，就成为真正的劳动者，挑起了整个劳动的重担。

白天工蜂们在野外采蜜，夜晚在房内带领幼蜂，把花蜜酿成蜜糖。

在百花盛开、蜜源丰富的季节里，工蜂们愉快地忙着采蜜，但在花开得少，蜜源缺乏的季节，它们也想尽一切办法，从一些昆虫身上，从一些叶子的蜜腺上吸取蜜汁，以弥补花蜜的不足。

在风和日丽的环境里，工蜂们便兴致勃勃地在花间往来劳动；但在回家途中，如果突然碰到天气变化，它们就边飞边爬，把采到的花蜜送回家中。

“不知辛苦为谁甜？”是为集体，为子孙后代啊！我们知道，蜜蜂是过着集体生活的昆虫，离开集体便无法生存。作为家庭的劳动者——工蜂，不仅毫无保留地把全部劳动果实献给了集体，还分泌出营养最丰富的蜂乳喂养母蜂和幼虫，保证了母蜂能大量产卵，幼虫能健壮地成长；而它们自己吃的，却是一般的花蜜和花粉。

除了劳动以外，工蜂还担当了保护家庭安全的任务。每当遇到敌人侵犯，它们就奋不顾身地一针刺到敌人身上，尽管它们的螫刺和毒囊会随着这一蜇而脱离身体，从而丧失了生命，可是它们从来没有屈服过。

工蜂的一生是短促的一生。

在夏季蜜源丰富的季节里，一只工蜂只能生活30～50天，而生在工作较少的秋天或冬天，也只能生活3～6个月。

天才的“建筑师”

六角形的小蜂房

春风吹得春日暖一派好风光，
原野穿上了绿色的新衣裳；
远方垂柳向我们招手，
大自然是我们广阔的课堂。

我们来到花园里来到草地上，
你捉昆虫我采花愉快又紧张；
每棵小草每朵花都要细查看，
瞧瞧小蜜蜂如何造新房。

这是少年朋友们爱唱的一首儿歌。让我们伴着歌声，来到蜜蜂的家庭里，瞧瞧它们是如何造巢房的吧！

野生的蜜蜂大都生活在山林中的岩穴里或树洞里，而饲养的蜜蜂则生活在人造蜂箱中。

为了贮藏香甜的蜜汁和金黄色的花粉，为了给幼虫准备舒适的摇篮，工蜂们便用蜡造起千万间精致的小房间，叫做蜂房。蜂房一层层、一排排地排列着，既美观又整齐，就如同按照蓝图盖起来的千层楼房。组成这楼房的每一间蜂房，都具有严格的几何学形体。你不要惊奇在这里引用了几何学这个精辟的科学名词，其实你只要仔细观察一下蜜蜂的这种奇妙的建筑，那才真会使你感到吃惊哩！

蜜蜂是天赋的建筑师！

用几何学的名词来说，每间蜂房都可以叫做一个六角柱状体。它的一端有一个平整的六角形开口，一端是闭合的六角菱锥形的底。千万间蜂房紧密地排列在一起，每一间蜂房的墙壁，同时又是另外六间蜂房的墙壁，这样就筑成了密密地紧连着的一片蜂房，而在这一片蜂房的底面上，又筑起了向相反一面开口的另一片蜂房，两片蜂房恰恰又是用着一个公共的底。两片以房底相连的蜂房，形成了一座倒垂的千层楼阁，就叫做巢脾。这巢脾的一边开着这边一层蜂房的进口，在另一边开着那边一层蜂房的进口。整个巢脾的上缘附着在蜂箱屋顶的天花板上。垂直悬挂着的巢脾两边的蜂房，一边出口在右，一边出口在左。

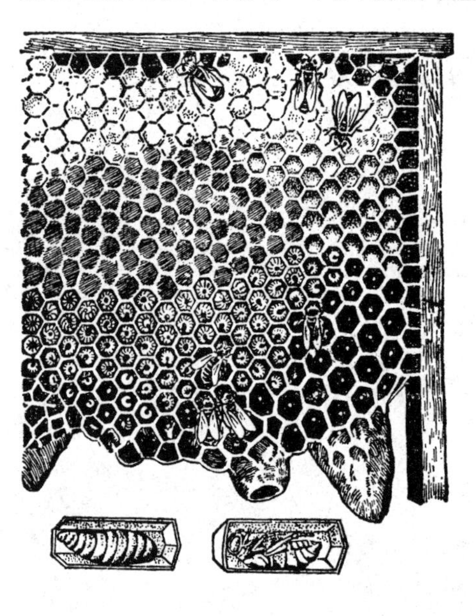

当家庭里的成员不断地增多时，一叶巢脾是不够用的。于是，一些新的巢脾又会照样建造起来。各个巢脾互相平行地悬挂着，它们之间留有一厘米左右的空隙。这空隙好比走廊。两叶巢脾面对面的两层蜂房朝着这走廊开着门，好比城市旅馆里的走廊两旁的房间的门朝着走廊开着一样。蜜蜂们在这公共的走廊里挨户地把蜜汁藏在那用作小仓库的蜂房里，或者分配营养品给那一个个躺在摇篮里的“婴儿”。遇到必要时，它们又在公共的走廊里开着“会议”讨论。比如，在那里挨户喂养幼虫的“保姆们”或者擦着肚子取蜡造房的“建筑师们”，商谈着扑灭雄蜂的计划；又比如，当一只新母蜂诞生下来以后，要发生纠纷危害家庭安全的时候，议决着分家的计划；或者“侦察兵”发现了新的蜜源归来后，向同伴们通风报信。

在炎热的夏季里，工蜂们匍匐在巢脾上振翅扇风，于是，凉风从走廊中吹过，给每一个睡在摇篮里的“婴儿”都送去凉意。

那么，这成千上万间蜂房是怎样建造起来的呢？这建筑蜂房用的蜡是从哪里获取的呢？

工蜂怎样盖房子

蜜蜂盖房子用的蜡是从它们肚子上分泌出来的，就好像我们的汗渗出皮肤一样。这种产蜡的器官一共有四对，科学家给它取了个名字叫蜡腺。

蜜蜂在产蜡以前，都饱饱地吸食一顿蜂蜜，然后集合在蜂箱顶的天花板上，静止不动。经过一昼夜后，吃下去的蜜汁就由蜡腺转化成液体蜡，并由蜡腺的开口处流出来。这流出的蜡液一经接触空气，就凝成极小的鳞状蜡片，与透明的云母片极相似。这叫做蜡鳞。

据科学工作者观察，每只工蜂一次能形成 8 个蜡鳞。而筑造一个工蜂房要消耗蜡鳞 50 多片，筑造一个雄蜂房要 120 片。工蜂分泌出来的蜡鳞很轻，约 400 万片才相当约 1 千克重。工蜂生产 1 千克蜡，需要 3.5 千克的蜜做原料。建筑材料的得来，也实在不容易。

建筑蜂房的工作，是由年轻的工蜂担任的。

工蜂没有任何建筑工具，它是怎样造起这些整齐的六角形蜂房的呢？

实际情况是这样的：盖房子的时候，由一批工蜂固着在一块事先造好的或人造的巢础上，第一排的每只蜂用它的后腿钩住后面一只蜂的前足，这第二只蜂用后足钩住第三只蜂的前足……这样一只钩一只地拉成一长

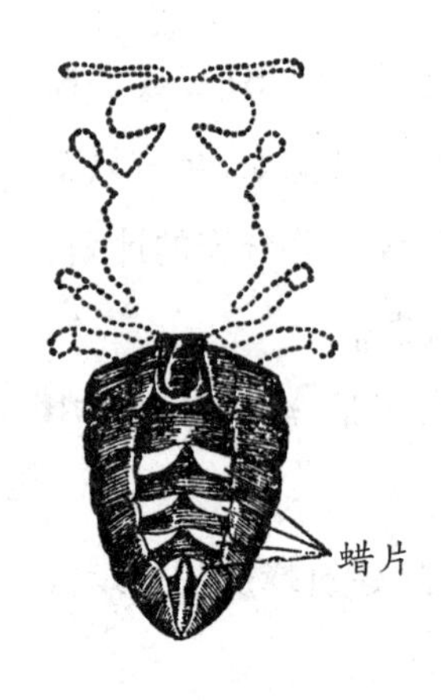

串。然后，这些“建筑师”们用后腿的花粉梳把蜡鳞从蜡腺上拨取下来，传给前腿，再送到嘴里咀嚼。

人在吃到一种滋味不好的东西时，总是用“如同嚼蜡”这句话来形容，可见嚼蜡的滋味是不好受的。然而，蜜蜂倒是有嚼蜡的习惯。蜡鳞在嘴里揉搓着，捣成碎片，然后展成一条带子，再捣再揉成致密的一团，同时掺和进一种酸性的唾液，使其柔软。等到材料合用的时候，便一点点地粘在要盖的“房子”的基础上。工蜂用两颚当做剪刀，把多余的剪去，把触角当做“两脚规”，不断地抚摸着蜡壁，估计着它的厚度，并插进空腔去测量蜂房的深度。哈哈！就是这样，蜜蜂虽没有精密的仪器，却完成了非常精致整齐的六角形的蜂房。

有这样成千累万的“建筑师”们在一块做工，一昼夜一群蜂可盖起上万间六角形的蜂房。每间底边三个平面的锐角都是70° 32′，体积几乎都是0.25立方厘米。

靠的是本能

细细地研究起来，工蜂们盖的房子还是多种多样哩！

工蜂房是蜜蜂家庭中最小的蜂房，每叶巢脾上约有6000个以上，工蜂就是在这种蜂房里培育出来的。当这些蜂房空着的时候，蜜蜂就用来贮藏蜜和花粉。

雄蜂房虽然形状和工蜂房相同，但比工蜂房大，大都建筑在每叶巢脾的边缘，数量很少。雄蜂房主要是用来培育雄蜂的，空着的时候也贮藏蜂蜜。

母蜂房的形状就不是六角形的了，而像一粒花生米，表面布满多孔的、带有凸纹的斑点，多数建造在巢脾边缘处的外侧面。母蜂房一般是在蜜蜂分家时临时建造的，用来培育新母蜂。当新母蜂出房以后，工蜂便将新蜂房捣毁。

工蜂还是个熟练的"泥瓦匠"。每天总有一批工蜂外出，到树木的嫩芽上采集树胶，带回家以后，加工制成蜂胶，用来修补裂缝，或者涂擦巢房。侵入巢内的敌害被杀死后，它们也常常用蜂胶把敌害的尸体封固起来。

你可能要想，小小的工蜂为什么能根据六角形的法则来建造蜂房呢？

答案只有一条：完全是靠本能。

有人曾在蜜蜂采蜜时做了个试验。在蜂房底下穿个孔，蜜蜂仍然往这个"仓库"里增添蜂蜜，决不会因为"仓库"出漏洞而停止操作。这可以看出，蜜蜂采花酿蜜筑造巢房都是本能活动，不是有意识、有目的、有计划的劳动。而能动地改造世界，只有人类能做到。马克思曾这样说过："……在蜂房的建筑上，蜜蜂的本事曾经使许多以建筑师为业的人惭愧，但即使最劣的建筑师都比最巧妙的蜜蜂更优越的是：建筑师以蜂蜡建筑巢房以前，已经在他的脑筋中把它构成了。"

工蜂的几何学

工蜂盖的房子，使许多科学家感到惊奇。

这种奇异的六角形建筑是最有趣的自然现象之一。这种现象，在很早以前就引起了科学家的注意。

远在一千六百年前，亚历山大的数学家巴普就已经指出过，六角柱状体的窝是一种最经济的形状。因为在其他条件都相同的情况下，这种形状的窝容量最大，所需要的建筑材料最少。

巴普的见解，还曾经由著名的德国学者基普列尔证实过。蜂窝的底是不平的，是一种六角锥体，其六个三角形的侧面可以拼成三个相同的菱形，

数学家巴普

这些蜡板是充作具有六个面的整个蜂窝的基础的。这种窝是节省材料和节省位置的典范。

由于这种现象，在几何学的领域里，获得了一个有趣的发现。18世纪，写过关于蜜蜂论文的法国学者马拉尔琪曾经测算，由菱形面组成的角，它的大小是一样的。这菱形的钝角平均都是109°28′，锐角平均是70°32′。

马拉尔琪的发现，给著名的物理学家列奥缪尔一点启示，那就是蜂窝的角的大小，决定了蜂窝的不寻常的容量。列奥缪尔跑去找巴黎科学院院士克尼格计算出这样的角的大小，这样的角应该构成的三菱形的面，以便消耗最少的材料，可以制成容量最大的容器。

克尼格的计算证明：要消耗最少的材料，制成容量最大的容器，其菱形底面角应该是109°26′和70°34′。这个数值几乎完全符合马拉尔琪测量蜂窝时所定下来的角度。因为对于蜂窝这样微小的建筑物来说，总共才差2分是没有什么重大关系的。

克尼格的计算获得了数学家们的赞扬，因为理论知识和实践间的联系，被他出色地证实了。

但是，以后几年，苏格兰的数学家马克洛林证明，克尼格的计算错了。正确的数值恰好是等于马拉尔琪所测量的角度。

这以后，自然就产生了这样一个问题：像克尼格这样世界第一流的数学家，怎么会在计算中发生差错呢？经过仔细检查以后，发现这个错误的责任不在克尼格，而是因为这位学者在计算的时候，用的对数表不准确。

蜂窝的启示

蜂窝结构已经引起了航空结构工艺师的注意。可以这样说，蜂窝结构在一定程度上，促进了现代航空科学的发展。

现代航空的发展方向是高速、高空和远程，而影响它发展的重要因素就是飞机本身的重量。

“为减少一千克重量而奋斗！”这就是航空工程师的战斗口号。

要知道，每减少一千克的结构重量，就等于减少几千克的飞行重量。因为“飞行重量”，不仅是指飞机本身的重量，而且还包括运送这样重的结构的燃料重量。这就是说，飞机重一些，发动机的推力就要加大，耗费的燃料就更多。飞机上任何部件的重量加重一点点，飞机总重量就要增加好多。

在第二次世界大战初期，由于缺乏材料，在飞机上曾经出现过许多夹层结构，而其中尤以“蜂窝夹层结构”为最好。这种结构很像蜂窝，只不过其端面是两层较坚固的金属薄板夹着。飞机和导弹采用铝和塑料作的蜂窝夹层结构，不仅强度高，而且重量减轻到原来的五分之一。大大地减轻了飞行器的总重量。

蜂窝结构还具有隔音、隔热的性能。因为在这种结构的材料里，声音和热传导是困难的，就像充满空隙的棉花可以隔音、隔热一样。用它作发动机罩，可以保持机舱的安静。我们知道，火箭高速飞行时和大气摩擦产生大量的热，这个温度是一般的材料没法忍受的。用石棉作的蜂窝，可以在45分钟内耐925℃的高温，而陶瓷蜂窝可以耐1090℃的高温。假如将陶瓷的弹头和石棉的导弹壳体配合使用，就能抵抗大气摩擦产生的热。

蜜蜂这种建筑才能是天生的，而人类观察了自然界，得到了启发，又作了分析和研究，就可以利用其中的原理，来达到改造自然的目的。

大诗人兼科学家歌德说得好：“自然的伟大，就在于它充满了美好，而且伟大的现象会经常在小事情里重复出现。”只要我们善于观察研究自然现象，就会从中获得不少有益的启示。

蜂窝的启示正是这样。

药物中的新伙伴

小小的蜜蜂吐蜡造房，不仅给人以启发，而且建造巢房用的蜂蜡，也是一种宝贵的工业原料和药品。

人们每年从每群蜂中能收到1.5～5斤蜡。

化验结果，蜂蜡是高脂肪酸和高级一元醇合成的“酯(zhǐ)”。过去人们用它来制蜡烛、蜡纸、布和棉线的光泽剂、制模型，涂擦地板以及做花木嫁接的结合剂等。现在，利用它的防潮、绝缘的优良性能，在国防、无线电、纺织等40多种工业上得到广泛的应用。

蜂蜡不仅在工业上用途广泛，而且还是药物中的新伙伴。

蜂蜡中含有丰富的维生素A，每100克中就含有4000多国际单位。我国古代医学家应用“蜂蜡与猪肝、蛤粉煮沸”成功地治疗夜盲症。近几年来，我国的医学科学工作者经过临床实验，证明蜂蜡对多种疾病均有一定的疗效。

人们还观察到：当死蜂的尸体来不及搬运出蜂箱时，蜜蜂还会分泌一种蜂胶把尸体封闭起来，防止腐败，以便保持蜂箱里的清洁卫生。这个秘密被科学工作者发现之后，经研究证明：蜂胶具有强大的抗菌力和麻醉力。农业上用它来作接木的结合剂，工业上用它做涂漆、化妆品的一种原料。近年来，蜂胶在医药上也得到广泛的应用，它可以用来治疗家禽、家畜的坏死杆菌病。用含有10%～15%蜂胶熬成油膏，可治愈牲畜的多种外伤和脓肿。蜂胶还有软化角质的作用，用它治脚鸡眼、胼胝(pián zhī)，效果良好，而且疗法简便。

令人振奋的是，近几年通过研究进一步证明，蜂胶对人体有极好的保健作用。

蜂胶是蜜蜂从胶源植物——松树、杨树、桦树等芽苞、树皮或茎秆伤口上采集来的黏性分泌物——树脂，与蜜蜂自身分泌物的混合体。应用现代技术对蜂胶进行系统化学分析表明，蜂胶包括30多种芳香脂、30多种类黄酮化合物和钙、铁、锌、铬、镁等30多种人体必需的微量元素，其成分复杂，作用广泛，为人类的健康发挥着神奇而重要的作用。

正因为如此，《中华人民共和国药典》和《中华本草》两部权威著作，均对蜂胶的功效有如下记载：抗菌消炎；调节免疫、抗氧化并延缓衰老；镇静及改善心血管功能；保肝、抗肿瘤；并可用于血脂异常病和糖尿病的辅助治疗。

科学的力量是无穷的。应该说人们对蜂胶的认识才刚刚揭开面纱，相信其奥秘被进一步揭开之后，将会对人类的健康带来更大的福音。

多有意思，用“蜜蜂身上无废物”这句话来夸奖它，一点也不过分。

采百花　酿甜蜜

有趣的数字

工蜂是很勤劳的。每天，太阳刚刚出来，它们就开始工作了。它们迎着朝阳，满身披着霞光，远离着蜂房，遍访花儿。

难道花儿里有什么东西在吸引着蜜蜂吗？

是的。那就是花儿从花冠底部渗出来的甜汁。这便是蜜蜂酿蜜的主要原料。

工蜂是怎样把甜汁带回家里来，供别的蜂儿享用呢？是的，它们没有匙子、瓶子和罐儿，然而，它们却有特殊的舌头和蜜胃。

工蜂有一个管子似的舌头，尖端有一个蜜匙。工蜂钻进一朵花里去，蜜匙碰到蜜汁，舌头一伸一缩，就好像小孩子口里衔着麦秆吸糖水一样，蜜汁就顺着小管子吸到蜜胃里去了，它们就这样吸完一朵再吸一朵，直等到蜜胃里装满为止。

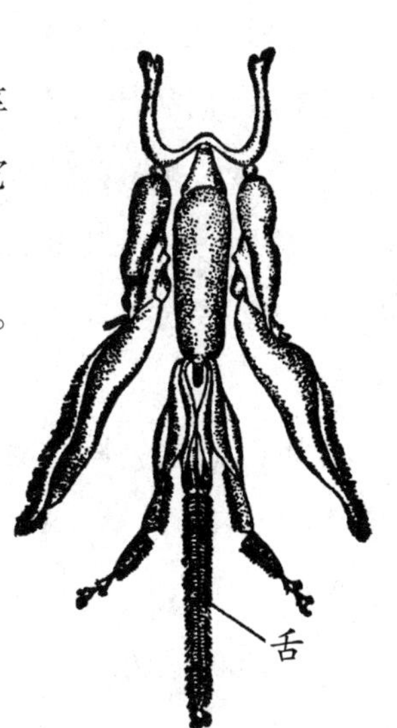

采集花蜜是工蜂一生里最忙碌的工作。它们每出去采集一次，至少得飞行一里至二里

半的行程。在百花争艳蜜源丰富的季节里，一只工蜂一天要出征 40 多次。每次约持续 10 分钟。在 1 分钟内能采 40 朵花，出征 1 次至少采 100 朵花。

每朵花分泌的甜汁是极其微少的。要酿成 1 千克蜜，工蜂们必须在 200 多万朵花上采集原料；要在蜂房和花丛之间往返飞翔 15 万趟。假设，一只工蜂在一天内仅能采得 0.5 克左右的花蜜。蜂房与花丛的距离为 1.5 公里，那么，工蜂采 1 千克蜜就得需要 2000 只工蜂在一天内完成。

蜜蜂的飞行速度是很快的。飞行时，翅膀在每秒钟里要扇动 440 次。身上带有花蜜时，它的飞行时速为 25 ~ 30 公里；在没有负载时，每小时达到 65 公里，这种速度可以同火车竞赛。

辛勤的酿蜜工

原料的采集已经如此艰辛，然而，由花蜜酿成香甜的蜂蜜，还要经过一段相当复杂的加工过程哩。

工蜂的蜜胃里装满了甜汁，这还不能算是蜜，而是酿蜜的原料。它们回到家里，把甜汁吐给在巢工作的幼蜂，或者把甜汁吐在空蜂房里面。到了晚上，负责酿蜜的幼年工蜂，将这些甜汁吸到自己的蜜胃里，过一会儿就吐出，再由另一只工蜂伸出舌头，把蜜汁吸进自己的蜜胃里。就这样相互交舌吞吐，经过 100 ~ 240 次以上，变成一种既香且甜的蜜糖，这才是真正的蜜哩！

为了风干蜜汁，工蜂又要长时间地、不停息地扇动它的双翅。这需要怎样一丝不苟的精神啊！蜜蜂这种酿蜜的办法，真可用“蜜不精良誓不休”来形容。

谁都知道，花儿并不是全年都开放的，并且还有雨天、雪天，它们不能出去工作。因此，必须有蜜的贮藏，才能保证家里“不断炊烟”。在百花盛开，收获超过直接需要的时候，工蜂们不倦地采集着蜜汁，并把蜜汁酿成蜜，封上蜡盖贮藏起来。

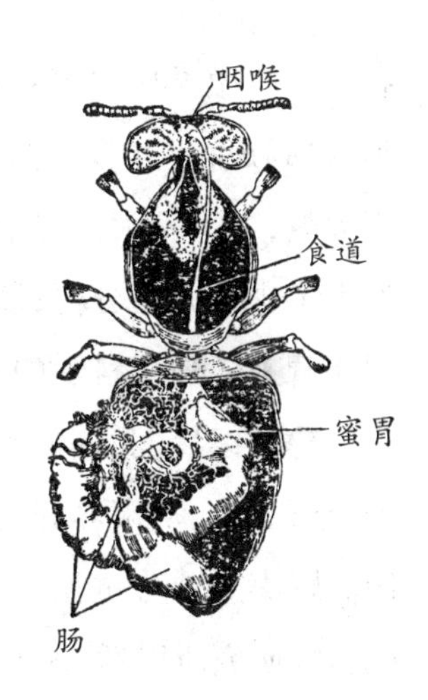

这些保存起来的蜜，等到将来缺粮时，才能开出来吃。那封闭着的“仓库”的小蜡盖，被蜜蜂们神圣般地保护着；倘若时机未到，谁去碰一碰，这便违犯了“家规”。等到需要时，它们才把“仓库”的蜡门打开，每只蜜蜂才有秩序地从这打开蜡门的蜂房里吸食，但有限制而且节俭。等到这个蜂房里贮存的蜜吃完以后，才打开另一间“仓库”的蜡门。

人们就是利用蜜蜂既采蜜又能贮蜜的本能，办起了养蜂场。一窝蜜蜂一年可以酿造一两百斤蜜哩！

巧夺天工

蜜蜂所酿造的蜜，其精良程度和营养价值，是一般糖类所不及的。

蜂蜜是蜜蜂对人类的最大贡献。

我国劳动人民对蜜蜂的饲养有着悠久的历史。据说，周武王伐纣的时候，当地的居民拿蜂蜜献给武王。我国古代大诗人屈原在诗篇《招魂》里，也提到可以吃的蜂蜜。

关于养蜂的学术著作，如范蠡所著的《致富全书》里，就有养蜂、采蜜和驱逐害虫的方法。据晋代皇甫谧(mì)所著的《高士传》里记载，汉代有一个人叫做姜岐的，他生活在公元1600年左右，在山中以养猪养蜂为业。他还招收学生，学生学成以后，以养蜂为业的有300多人。看来，姜岐是一位养蜂专家了，并且还兴办了规模相当大的学校。

明代刘伯温详细地记载了养蜂的方法。他在《郁离子》一书里说，从前有一个叫做灵丘丈的养蜂专家，他把蜜蜂养在花园里，根据新群和旧群分类，排列成行，并且根据四季的风向，日光照射情况来放置，使蜜蜂在夏天不太热，冬天不太冷，风吹不坏，雨浇不坏。他经常打扫蜂窝，驱除害虫；蜂群大了进行人工分群；取蜜是适可而止，留一些给蜜蜂作冬粮。这些方法，现在看来还是很科学的。

建国以后，我国的养蜂事业有了迅速的发展。1958年，在北京成立了养蜂研究所，从事养蜂的科学研究工作。敬爱的朱德委员长生前对发展我国养蜂事业十分重视。1960年，朱德委员长和徐特立同志视察了中国科学院养蜂研究所以后，题了词："蜜蜂是一宝，加强科学研究和普及养蜂，可以大大增加农作物的产量和获得多种收获。"

是的，自古以来，从人们懂得养蜂的那天开始，就一直在为提高蜜蜂的产蜜量而绞尽脑汁。

恩格斯曾经指出："我们对自然界的整个统治，是在于我们比其他一切动物强，能够认识和正确运用自然规律。"因此，我们要想使蜜蜂生产更多的蜂蜜，就要弄清蜜蜂的生活规律。只有弄清了规律，才能综观全局，指挥蜜蜂向对我们有利的方向发展。

我国的养蜂科学工作者，在对蜜蜂的改造上迈出了可喜的一步。

最初，他们提出了这样一个问题：怎样才能使蜜蜂生产更多的蜜？后来，更具体的问题提出来了：能不能在蜜蜂中组织大生产、大分工？

世上无难事，只要肯登攀。经过几年的努力，他们终于获得了成功。

这种促进蜜蜂分工生产的试验是非常有意思的。

他们先把三群蜜蜂编成一个小组，放在一起。在其中的两个蜂群里取出即将有幼蜂出房的巢脾，把这些巢脾集中到另一群蜂内，让这一群蜂内拥有更多的幼蜂，这群蜜蜂就叫做采蜜群，其他两群叫做繁殖群。当这三群蜜蜂里的工蜂都出去采蜜的时候，又把两个繁殖群搬走。外出的工蜂们回来了，鼓着贮满甜汁的肚子、嗡嗡地找寻自己的家门，当然是再也找不到了。最后，它们只好钻进仅剩下的那个蜂群里去。这个蜂群中的主人，看到新来的客人带着丰盛的礼物进来，就表示欢迎。经过较短时间，主客之间就互相合作，共同去采蜜了。这样，养蜂场就出现了包括繁殖群和采蜜群的生产组织，管理上也从“单群管理”迈进到采蜜效率高得多的“分组管理”了。

实验证明，利用繁殖群加强采蜜群，采蜜效果较好。每群一年采收蜂蜜达到400～800斤。

一座制药厂

我们日常生活中接触到的每一样东西，都有它被人们发现或者使用的历史。

可是你想过没有？——我国劳动人民是什么时候把蜂蜜用在医药上，为人类的健康造福的？

这问题看起来简便，然而，回答起来倒也并不是那么容易。

现在，让我们顺着历史的脚步，去找出问题的答案。

我国劳动人民远在1800多年前，就开始用蜂蜜治病。后汉的《神农本草经》上说：“蜂蜜主治……久服强志轻身，延年益寿。”

我国明朝科学家李时珍，在他的《本草纲目》中，对于蜂蜜治病的方法更有详细的记载。

但是，人们对蜂蜜的真正认识，那还是到了科学发达的现代才解决的。

蜂蜜是甜的，但同普通的糖不一样。普通的糖，比如蔗糖、甜菜糖，它们进入人体后，要在消化器官内经过一道道转化工序，变成单糖以后，才能被人体的肠壁吸收。然而，人体吸收蜂蜜却不需要这种复杂的过程。因为蜂蜜的主要成分是单糖。人吃了蜂蜜，消化器官能直接吸收，增加血红蛋白，增强人体抵抗力。因此，它是儿童、老年人和体弱者的理想营养品。

李时珍

据说，人体各器官，特别是心肌，经常需要吸收葡萄糖和果糖（单糖）。患肝炎的病人是吃不得含动物脂肪的东西的，他就需要大量的葡萄糖和果糖，而蜂蜜里正含有这两种东西。因此，可以看出，蜂蜜的药用价值大得很了。

近几年来，我国的医务工作者经过反复的临床实验证明，蜂蜜对肠胃溃疡、慢性便秘、高血压、心脏病、关节炎等病症都有良好的疗效。

蜂蜜中含有单糖、多种维生素、激素和矿物质等60多种有机和无机物质。值得特别注意的是，蜂蜜中还含有抗生素。这种抗生素的杀菌效率是很大的。它能在10小时以内杀死痢疾杆菌，24小时以内杀死伤寒、副伤寒和肠炎杆菌。不过，这些成分并不是一成不变的，而是随着蜜源植物的不同而不同。

说起来也妙，最近几年来，我国的医务工作者和养蜂家们一起研究，用人工蜜源使蜜蜂按照人们的意图，酿造了更好更适于医疗保健用的蜂蜜新品种。从这个意义上说，蜜蜂说得上是一座制药厂哩！

空中探矿者

蜜蜂不但是医生的助手，而且还是地质学家的好朋友。

前苏联的南乌拉尔的一个养蜂场上，科学家有一次在蜂房里取出蜂蜜之后，进行了一次化学定性分析。分析的结果使他们吃惊，因为在蜂蜜中意外地发现了含有钼、钛等稀有金属。

难道蜜蜂还会和地质学发生关系吗？

于是，地质学家被邀请来到养蜂场，他们很快把这个秘密揭开了。原来，蜜蜂活动的领域，也就是蜂场四周山脉的岩层中，蕴藏着丰富的钼和钛。

地层中的稀有金属元素，怎么会进入蜂蜜里来呢？

原来是，植物从地下吸收了矿脉中的稀有金属元素，蜜蜂又从植物那里采集了含有这些金属元素的花蜜，而花蜜中的金属元素又终于在科学家的试管里现了原形。

由此，科学家们作出了一项有意义的假设：蜜蜂可以用来做探矿者，在勘探工作无法采集标本的地方，帮助科学家发现地下宝藏。

蜜蜂冶金

蜜蜂不仅能帮助地质学家探矿，而且还能帮助人类冶金哩。

提起冶金，我们的脑际就会涌现出一幅庞大的图景：成千成万吨的矿石，高大的烟囱，熊熊的炉火……我们说蜜蜂能冶金，你听了也许会感到惊奇吧？

不久前，科学工作者发现有一种紫苜蓿能吸收金属钽。他们把大约40公顷的紫苜蓿烧成了灰，竟从灰里提炼出0.2千克的钽。

钽，是一种稀有金属。就在50多年前，科学工作者还只能从实验室里提炼出一点点钽来作为研究材料。

1802年，瑞典学者安德尔斯·古斯塔夫·爱凯别尔格，在化验了来自芬兰和瑞典的两种矿石后，发现了这种元素。他以希腊神旦塔勒斯的名字，把这种元素命名为“钽”。

至于钽的分离，那要晚一个世纪。1903年，科学家鲍尔登于氢中强热氯化钽，得到了金属钽。

金属钽是一种银白色的金属。它可以用来作电子管中的永久除气剂。因为钽具有很强的吸收氧、氢、氮等气体的能力，所以在电子管真空技术上受到了广泛的应用。

用钽来制造电子管（特别是大功率的振荡管）中的热附件是很合适的，因为它有良好的耐热性能。又由于它具有很好的抗腐蚀性能，在化学工业中，就可以用来作高级的化学器皿和设备。

随着对钽的性质的更多认识，在化学工业、冶金工业、航空工业等部门，钽都将愈来愈受到欢迎。

在医药上钽也有特殊的用途。薄片和细丝状的钽，是骨科和塑型手术中不可缺少的辅助物件。因为钽与其他金属相反，它完全不刺激与它相接触的生命组织。所以钽用于脑盖的补钉和骨头的缝接等，丝毫不致损伤身体的活力。

在冶金工业中，钽也扮演着重要角色。钢铁冶炼中，用少量钽作为合金元素添加剂，加入钢中，能大大改善钢的质量。由于钽的加入，使不锈钢的耐高温腐蚀性能、高温强度性能都会变得更好，所以被誉为“合金的维生素”。近些年来，陶瓷冶金研究工作者，也对钽发生了很大兴趣，因为钽的碳化物不但有很高的硬度，而且具有非常高的熔点（3500℃），可以成为超硬质合金的好材料。可以说，钽在航空、火箭以及宇宙飞行等方面，都是一种有前途的金属。

值得大书一笔的是：钽能在高温下工作，也能在超低温下工作。在-263.9℃的严寒中，钽就能变成没有电阻的超导体。利用钽和铌可以做成一种奇妙的电子器件——冷子管。它的构造很简单，不过在钽棒上面缠铌线，置于超低温中，就能更出色地完成复杂的电子管的任务。

钽，在原子能科学技术和其他需要高温、高强度材料的尖端部门中，是一种非常有前途的金属。

钽在土壤里、海水里和其他金属的矿里都可以找到，但是含量却很少很少。它不像铜和铁有集中的矿藏，因而无法大规模冶炼。但是科学技术的发展对它的要求，却越来越迫切了。这个矛盾该怎么解决呢？

将来，科学家很可能用紫苜蓿来生产钽。

然而，紫苜蓿是一种很好的牧草，如果把紫苜蓿全部烧成灰来提炼钽，那太可惜了。

小小的蜜蜂给了科学家一个宝贵的启示。

在国外，曾在一种蜜蜂采来的紫苜蓿花蜜中，发现含有钽，而且含量很高。从 700 千克的蜜中,可以提炼出 0.2 千克钼来。

于是,科学家想出了好主意:请紫苜蓿来担任第一道工序——吸收土壤中的钼;请蜜蜂担任第二道工序——从紫苜蓿的花中把含钼的花蜜集中起来。最后,人们再从蜂蜜中提炼出宝贵的钼来。这样,紫苜蓿仍旧可以用来喂牲口,提炼过钼的蜂蜜仍旧很香甜,是营养丰富的好食品。

人们设想,在未来可能有这样一些养蜂场,它的四周栽培着大片大片的紫苜蓿,内中饲养着许许多多群蜜蜂。而产品,却是非常珍贵的金属——钼。

当然,这样的养蜂场就不应该再叫养蜂场了,让我们给它取一个崭新的名字——“蜜蜂冶金工厂”。

愿花儿朵朵结果

金色的粮食

蜂蜜并不是蜜蜂家庭中的唯一粮食;除了蜂蜜以外,还有花粉。花粉被称为蜜蜂的金色的粮食。

蜜蜂轻盈地在花朵的雄蕊中间盘旋着,满身沾了金黄色的花粉。它们有六只毛茸茸的足,好像六把天然的刷子,在它毛茸茸的身体上搜刮着。它们用前足扫下头部的花粉,用中足扫下胸部的花粉,用后足扫下腹部的花粉,再掺和一点花蜜把花粉弄湿,搓成花粉球,装进后腿的花粉篮里。花粉篮的边缘上,生着一排整齐的硬毛,所以装进去的东西不会掉出来。

据观察,一只工蜂出征一次,能带回 300 万～500 万颗花粉粒。当花粉篮里装满了花粉的时候,蜜蜂就要飞回家了。它们在自己的“城市”的上空低低地盘旋着，不一会儿就认清了自己的家，很快地钻进去。有时候好几只蜂同时回到家门口，可是房门的宽度又不允许它们同时进去，尤其是当大家都满载着花粉的时候，只要稍稍一撞，就会把花粉全部摔到地上。于是，近门的一只就赶紧进去，第二只就很快跟上去，接着第三只，第四只……都是很有秩序地进去。

也会有这种情况：一只蜂刚要从家里出来，却碰到另一只要进去的蜂，于是要进去的蜂就让到一边，等里面的蜂先出来。每一只蜂对它的姊妹都非常有礼貌。有时候，一只蜂已经从“走廊”到达门口，立刻就要飞出来了，忽然它又退回去，把门口让给外面来的蜂先行。

进入家里的蜂，在巢脾上找一空蜂房，先把后腿伸入房内，用中腿的花粉刷把篮子里的花粉球扫落到房内，再用两腿互相摩擦，把花粉全部扫落，然后在花粉内吐一点蜜汁，把头伸入房内，将花粉顶结实。

等到蜂房里装满了花粉，它们就用蜂蜡把口子封起来，这样就可以使花粉保藏得很久而不变坏。

花粉是蜜蜂成长过程中必不可少的粮食。花粉的营养也是很高的。根据化学分析，它里面珍藏着蛋白质、淀粉和脂肪，还含有多种维生素、20多种氨基酸和各种酶。

蜜蜂从花儿里采集花蜜和花粉，难道就算沾了花儿的光吗？

在回答这个问题之前，得先来讲一个故事……

梨园的秘密

陕西省彬县的果农，每逢收获梨子的时候，总会自然地联想起蜜蜂。

蜜蜂与收获梨子有什么关系呢？原来，这里面有一段故事。

“彬州梨”是我国西北的名产，分布在泾河两岸的梨园已有几百年的历史了。然而，从1929年开始，直到解放初期的20年间，这个梨区的大部分梨树却不结果了。

奇怪，这是什么原因呢？

一年又一年，年年如此，许多果农失去了信心，开始把梨树砍掉，当木材卖。

多可惜啊！方圆四五十里的梨园眼看就要毁掉。

解放后，党和政府派来了果树专家。这就是陕西省果树专家原芜洲教授。

他们深入农村向农民学习，多次观察了梨园，看到的许多梨树都是枝叶繁茂，白花遍开，可就是不结果实。不过，在大片梨树中间，也还有三株五株结实累累的。

问题究竟在哪里呢？

这一年，专家和果农一起，进行了浇水、施肥、防治病虫害等实验。然而，梨树还是不结果实。

于是，他们在梨区建立据点，走遍了方圆四五十里的地方，观察了两万多株梨树，发现当地的梨85%以上是老遗生品种，这种品种的梨树大部分不结果，而其他品种如平梨，数量虽不多，却结了果。

第二年春天，在梨花盛开的十几天里，他们日夜轮流在树下观察，并且进行了多种实验。发现老遗生梨不但开花期间雄蕊和雌蕊的成熟不一致，就是用人工方法把自花雄蕊的花粉授在雌蕊的柱头上，也不发生受精现象。相反，把平梨雄蕊的花粉授在老遗生梨雌蕊的柱头上，奇怪，经过授粉的老遗生梨树，却结了果实。

问题弄清楚了，不结果的原因在授粉问题上。

原来，老遗生梨属于自花不孕的果树，必须接受其他品种的梨（如平梨）的花粉，才能结出果实。

不过几百年的老梨区，为什么偏偏在这20年间授粉不良呢？

有一天，专家从农民那里得到了答案。他们无意中发现像核桃一样大的还不成熟的平梨味道很甜，一些农民告诉他们，正因为平梨有这个特点，所以在旧社会国民党军队来来往往就随意采摘，果农们万分气愤，就把梨树砍掉以示反抗！另外，又了解到，解放前这里农民有养蜂习惯，几乎家家都养，是个“蜜蜂之乡”。后来国民党又在当地设立伤兵医院，伤兵经常出来挖苜蓿，偷蜂蜜，农民种植苜蓿、油菜大大减少，蜜蜂也就跟着“搬了家”。当时，曾流传着这样一首歌谣：

泾河遍地都是花，哪朵花上没蜜蜡？
如今花树尽糟蹋，蜜蜂跟着搬了家。

梨树是虫媒植物，又是自花不孕的果树。授粉树——平梨的减少，再加上没有蜜蜂给它传播花粉，这就是梨树结不出果实的秘密。

第三年春天，农民养起了蜜蜂，又用人工采集了平梨花粉授给老遗生梨树，有的老遗生梨树上接上了平梨的芽。采用了几种办法改进梨树的授粉状况。这一年，长期不结果的梨树，重又结果了。

古老的梨区，终于恢复了青春。

可靠的朋友

要知道，无论是庄稼或是果树，从开花到结果（或结成种子），中间一定要经过授粉这个过程，才能产生种子或果实。

植物雄蕊上的花粉，传到雌蕊的柱头上，这就叫做“授粉”。授粉以后，花粉形成花粉管，伸入柱头内部，然后进入子房，使精细胞核与卵细胞核相结合，子房才会形成果实，里面的胚珠才能形成种子。

植物的授粉方式，可分为自花授粉和异花授粉两种。雄蕊的花粉直接传到自己花里的雌蕊柱头上，叫做自花授粉；把这一朵花（雄花）的花粉传到另一朵花（雌花）的柱头上，叫做异花授粉。

绝大多数的农作物（包括果树、蔬菜和牧草），都是异花授粉植物。

那么，谁来担任授粉的角色呢？

昆虫，风都能担任植物的授粉工作。

利用风传粉的叫风媒花；利用昆虫授粉的叫虫媒花。在异花授粉植物中，有80%属于虫媒花。

梨树的花属于虫媒花，必须依靠昆虫才能完成授粉工作。

虫媒花一般都艳丽多姿。他们的花冠有红色的、紫色的、黄色的、雪白的……虫媒花不但能用美丽的外衣“装扮”自己，并且还能散发浓郁的香气，分泌滴滴甜汁。

这些特征都是招引昆虫去授粉的标志。

在自然界中，给虫媒花授粉的昆虫是很多的，比如野蜂、蚂蚁和蝶类等等，但蜜蜂是虫媒花中最可靠的朋友。

蜜蜂的全身长有细绒毛，能携带很多花粉，它的口器、触角、足和身体都很细软，不会伤害花朵；同时，它的飞行力强，动作又快，当它们钻入花朵深处用力吸蜜汁的时候，摇动着雄蕊，抹了一身花粉。无意之中，便把花粉从一朵花带到另一朵花上去。

蜜蜂只是在这过程中碰了碰雌蕊的柱头，便把生命递给花儿。

有人做过统计：育成一个蜜蜂个体，大约需要10个花粉团。一个强群1年大约能培育出20万只蜜蜂，需要采集16800万朵桃花，或69200万朵紫苜蓿。由于蜜蜂本身对花粉的需要量大，因此它们的采粉能力特别强，授粉的效能也特别高。在农作物的授粉昆虫中，蜜蜂完成的授粉任务，约占所有授粉昆虫的80%。一只蜜蜂一次飞行带给瓜类作物的花粉48000粒，而一只蚂蚁只能带330粒，一只蓟(jì)马只带6粒。一只蜜蜂每次飞出去约持续10分钟，就能采访350朵向日葵，或500朵荞麦花，或193朵棉花的花。如果我们以一只蜜蜂一天飞出8~10次为计，一窝蜜蜂中，每天飞出去工作的蜂一般是1500~20000只，这就是说，它们一天内能完成3000万~4000万朵花的授粉工作，使农作物或果树结出几千万颗果实和种子。

蜜蜂还有采集专一性的“脾气”。当它采集某一种花时，就按照花期的长短，一直在这种植物上采集，而且很有秩序，直到花谢为止。这就更加保证了授粉的效果。

蜜蜂这种与虫媒花之间相互依存、相互适应的关系，是千百年来自然选择的结果，是大自然的规律之一。

农业增产的助手

种过向日葵的人可能会发现：向日葵花盘边缘上的种子长得饱饱满满的，一到花盘的中央，长得结实的就比较少了，甚至还有空壳。这是由于授粉不足，或者完全没有授粉的缘故。

人们为了提高向日葵的产量，就得进行人工辅助授粉。

向日葵的人工辅助授粉是这样进行的：人们用一个像粉扑一样的东西，在这个向日葵的花盘上拍拍，又在另一个花盘上拍拍。向日葵的花是从花盘的边缘渐次向里开的，所以只作一次两次人工辅助授粉是不够的，而且需要经常拍，相当麻烦、费时。

真正亲知的是天下实践着的人，人们在长期的养蜂实践中，掌握了蜜蜂的生活规律以后，就可以根据人们的需要加以利用和控制，把它们搬到人们需要的地方去采蜜和授粉，使它们成为名副其实的农业增产的助手。

我们知道，世界上有些国家近年来农业现代化的程度越来越高，一个地区的农作物品种越来越趋于单一化和集中化，又加上大量使用化学农药，使野生的传粉昆虫大大减少。据统计，目前野生传粉昆虫与蜜蜂的比例为五比九十五。所以，单靠野生昆虫来传授花粉是不可能了。例如，保加利亚有个种植扁桃的果园，每年需要用一千群蜜蜂进行授粉。有一年因某种原因只用了一百群蜜蜂来授粉，并且把这一百群蜜蜂放在道路两旁。结果，这一年只是道路两旁的扁桃树结了果实，而在果园内的大面积扁桃树，几乎全部未结果。

因此，有些国家把蜜蜂称为“农业之翼”。

利用蜜蜂给农作物授粉是非常经济的。

在授粉作物开花前5～7天，将蜜蜂搬入授粉区内，每10～20亩地，配备2～3群就够了。

根据实验，利用蜜蜂授粉，对提高农作物产量和质量的作用是十分显著的。

黑龙江省肇源县农场等8个单位，对向日葵大面积授粉结果证明，有蜜蜂授粉的大面积向日葵种子产量，与没有蜜蜂授粉的比较，增产38%，种子每千粒增重50%，出仁率提高48%。

近几年来，我国的农业科学工作者又组织蜜蜂给油菜、棉花授粉。试验结果证明：在土质、品种、耕作技术等方面相同的条件下，有蜜蜂帮助授粉的油菜籽，单位面积产量增加了57.43%，出油率提高10%，种子发芽率也高达95%以上。计算一下，这种无形中的收入，真会使人惊异不止。全国有5000多万亩油菜，如果每亩增产50%的话，便增加了3000多万亩油菜籽的收入，每年就可增加食油两三亿斤。

棉花经过蜜蜂授粉后，棉铃就长得更大更壮实，也可以减少棉铃脱落，并提高棉籽的生活力。据上海市上海县和南汇县的试验，棉花利用蜜蜂授粉能增产32%左右。

辽宁省锦州专区曾用苹果做实验，经蜜蜂授粉的苹果结果率是8.2%～10.2%，而隔绝蜜蜂的只有0.3%。江西省利用蜜蜂给柑橘授粉的结果，增产两倍多。

除此之外，人们还进行了其他作物的试验。大豆可增产11%，荞麦可增产43%，增产幅度最大的是西瓜，可增产170%。

值得大书一笔的是，近年来有许多国家都在大力发展塑料温室，大量种植草莓和瓜果之类的作物。因为在温室条件下，野生传粉昆虫是极少的，所以利用蜜蜂来为这些温室作物授粉，更成为当务之急。日本在每300

平方米的温室面积上配置一群蜜蜂来为草莓授粉，结果产量比没有授粉的要提高10倍以上。其他如美国、法国和英国等许多国家，也都开始利用蜜蜂为温室作物授粉。

科学家说得好，由于蜜蜂对农作物授粉所增加的产量，它的经济价值，要比它直接生产的蜂蜜、蜂蜡等高出5~10倍。

这是对蜜蜂的公正的评价！

事实也的确如此。美国现有蜜蜂420万群，年产蜂蜜约9万吨，蜂产品的价值不到1亿美元。而他们每年组织150万群蜜蜂为农作物和果树授粉，其增产的经济价值可达8亿多美元。所以，目前在一些农业比较先进的国家，都十分重视蜜蜂为农作物授粉的重要作用。认为养蜂是现代化农业不可缺少的组成部分。

由此可见，蜜蜂访花采蜜，真的是沾了花儿的光吗？不。它是满怀激情地作了“月下老人”，愿花儿朵朵结果啊！

“仙药”蜂花粉

信不信由你，花粉不仅是蜜蜂含蛋白质的金色粮食，而且也是人类的美容、保健圣品。

顺着历史的足迹追寻，找寻劳动人民对花粉的认识，还是从对人的美容作用开始的。

“当窗理云鬓，对镜贴花黄”。《木兰诗》中，描写花木兰出征归来，对镜梳妆的这两句诗，想必大家都很熟悉。不过，很少有人知道，诗中的“花黄”，其实就是我们今天所说的花粉。这说明，在那个久远的年代，人们已经认识到花粉的美容作用了。

民间传说也很有趣。相传晋代白州双角山下，有一口井，此井周围长满青松，每年春天，大量松花粉飘落井中。凡饮此井水者，家中女儿容颜都很美丽，所以，此井被人们称为“美人井”。

历史的长河永不停息地向前流淌，“美人井”的踪迹当然已经无法寻觅，不过，传说中的松花粉以及其他植物的花粉，却悄悄走进现代人们的生活，成为人们津津乐道的热门话题。

因为花粉含有较高的营养价值，所以被人们奉为“仙药”。

那么，花粉真的有这么神奇的作用吗？

我们知道，花粉是花的雄性器官，通俗地说，就是植物的精子，是植物生命的精华所在。而“蜂花粉”则是蜜蜂从各种种子植物所采集的花粉形成的花粉团。据化学分析，它含有300多种营养成分，几乎含有人类所需要的全部营养素。其蛋白质含量高达20%以上，氨基酸的含量是牛肉、鸡肉、干酪的3～5倍。因此，被科学家称为“完全的营养源”。所以说，蜂花粉不仅具有美容作用，而且还是滋补身体、强体力，增精神，迅速消除疲劳的强壮剂；脑力劳动者的健脑剂；儿童生长发育的助长剂；可以食用的美容剂；治疗多种疾病和抗衰老的保健圣品。

难怪营养学家称赞它为大自然最完善的“微型营养库”，医学家、美容师推崇它为保健、祛病、美容的天然绿色佳品哩！

蜜蜂怎样报信

“侦察兵”的欢乐舞

小蜜蜂，嗡嗡嗡，飞到西来飞到东。看样子一窝蜜蜂乱哄哄，其实，它们从来不盲目行动。大群蜜蜂出去采蜜以前，先得派几个“侦察兵”去探路。

如果一个“侦察兵”在果园里采到了许多花蜜和花粉，接着许多工蜂都会飞到那里去。

每一次，大队的蜜蜂都能准确地飞到目的地，采集大量的花蜜。

奇怪，蜜蜂怎样知道果园里开了花呢？大概是“侦察兵”告诉它们的。可是“侦察兵”用什么方法告诉它们的呢？也许蜜蜂有它们的“语言”吧？

很久以来，许多人正是这样想的。

人们经过长期观察，得出一个结论：蜜蜂是靠“跳舞”来传递消息的。

舞蹈的秘密

细细地研究起来，蜜蜂“侦察兵”的舞姿还是多种多样的哩！

科学工作者首先用一种黑色的奥地利蜂进行研究。为了便于观察蜂群在巢内的活动,在蜂箱内壁安上玻璃窗,用油漆给被观察的蜜蜂点上标记,并且用快速摄影机等仪器来记录蜜蜂的活动。

经过多次观察,蜜蜂舞蹈的秘密逐渐被揭示了。

科学工作者在离蜂箱15米和1500米的地方摆上蜜糖罐子,给从1500米地方回来的"侦察兵"涂上红色,给从15米地方回来的"侦察兵"涂上蓝色。他们看到两种"侦察兵"所跳的舞不同,蓝色蜂跳出一个又一个的小圆圈,红色蜂则跳"∞"字形。这样的实验作了一次又一次,蜜糖罐子有时摆得远,有时摆得近,发现蜜蜂的舞蹈是各种各样的。

如果它跳的是几个圆圈,然后转一个方向再跳几个圆圈,这叫做"圆形舞",就是报告:"在离家50米的地方有食物。"

如果它先跳半个小圈,换一个方向又跳半个小圈,再跑回来,形状似"∞"字,在直跑的时候腹部末端还不停地摆动着,这叫"∞字摆尾舞"。如果这种∞字摆尾舞跳得很慢,每分钟跳八个"∞"字,尾部摇摆的次数却很多,就是报告:"花蜜离家较远,大约6公里左右。"如果跳舞跳得很快,每分钟30多个"∞"字,而尾部摇摆的次数较少,那么这意思就是:"食物较近,距离蜂房只有200米左右。"

最妙的是,蜜蜂通过舞蹈,不仅能指出花蜜离蜂房的远近,而且还能指示出花蜜所在地的方向。

假若有人告诉你,有一件东西藏在离你2公里的地方,你能一下把它找出来吗?你一定回答说:"不行,到底在哪一个方向呢?"

可是蜜蜂不会搞错方向,这又是怎么一回事呢?

科学工作者作过这样一个实验:在离蜂箱1公里的地方摆上一罐蜜糖,有几只"侦察兵"飞来了,又飞回去了。这时候,把蜜糖罐移到另一个地方,但和蜂箱的距离还是1公里。奇怪,过一会这里竟没有一只蜜蜂飞来。而原来摆着蜜糖罐的地方,却飞去许多蜜蜂。它们绕着圈子,嗡嗡地叫着,好像说:“怎么啦?‘侦察兵’说这里有蜜,怎么没有呢?”

又作了这样一个实验:摆了两罐蜜糖,和蜂箱的距离一样。不过一罐在蜂箱北面,一罐在南面。给飞往北面那罐的“侦察兵”涂上红色,飞向南面的涂上蓝色。这两种蜂回到蜂箱跳的舞都是“∞字摆尾舞”。实验好像没有什么不同,可是经过许多次观察发现:两种蜂所跳的舞还是有所不同。蓝色蜂在跳两个半圆当中的直线时,是从下到上,红色蜂则从上到下。不管实验多少次,都是如此。

蜜蜂是能够辨别方向的。

那么,它们是用什么方法呢?

它们和古人一样,是靠太阳辨别方向的。科学工作者发现,时间不同,“侦察兵”的舞蹈也有所不同。准确地说,不是舞蹈本身有什么不同,而是地面的垂直线和蜜蜂联结两个半圆的直线之间所夹的角不同。

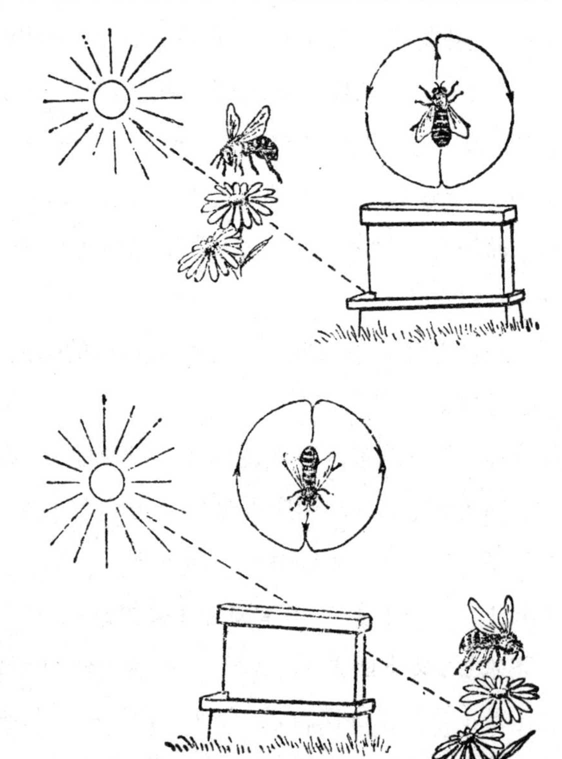

蜜蜂是以三点来定方位的。一点是蜂箱，一点是采蜜处，还有一点就是太阳。三角形的顶点是蜂箱，这点是固定的。三角形顶角的大小被两条线所决定：一条是联结蜂箱和采蜜处的直线，一条是联结蜂箱和太阳的直线。这两条直线所夹的角，就是蜜蜂的“指南针”，科学工作者称之为“太阳角”。其他蜜蜂就根据这个角的大小来确定采蜜地点的方向。通过上述的实验和分析，对蜜蜂的“语言”也就有了进一步的理解。

如果跳“∞字摆尾舞”时，头朝上，从下往上跑直线（夹角是零度），就是报告：“飞向太阳才能找到花蜜。”

如果跳“∞字摆尾舞”时，从上到下跑直线（夹角180°），就是报告：“背着太阳可以找到食物。”

如果跳“∞字摆尾舞”时，跑直线是在地面垂直线左面成60°角，那意思就是：“飞向左偏太阳光60°角的方向可以找到食物。”

蜜蜂就是这样凭着本能的舞蹈，知道了蜜源的距离和方位，加上敏锐的嗅觉找到丰富的粮食。

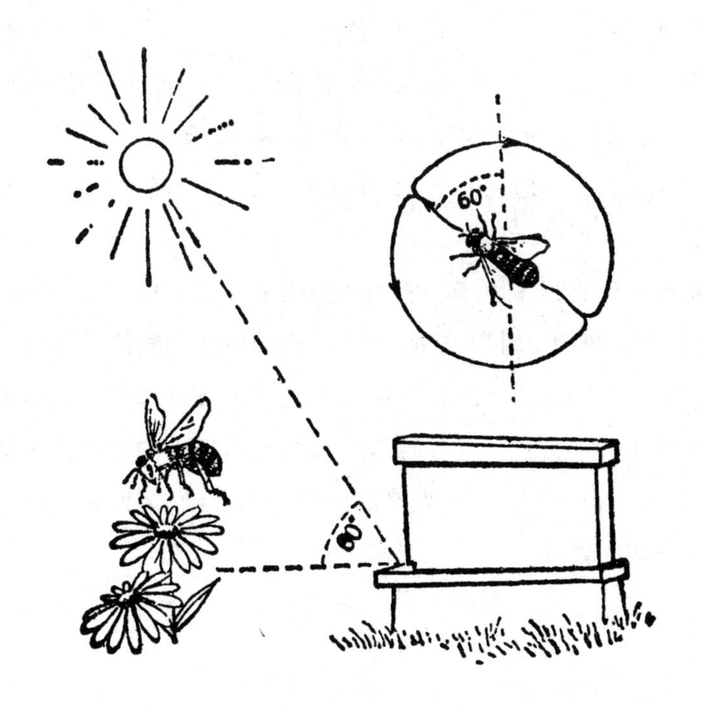

方言土语

我们把蜜蜂的舞蹈比作蜜蜂的“语言”，那么，各地不同品种的蜜蜂，还有自己的“方言土语”哩！

科学工作者选择了欧洲的意大利蜂和亚洲的印度蜂、岩蜂、无刺蜂进行观察，进一步了解到蜜蜂世界中的方言土语。

试验发现，意大利蜜蜂和黑色奥地利蜜蜂的语言有所不同。意大利蜂的“圆形舞”只表示大约9米以内有蜜源。要是超过9米，就改跳另一种舞——“镰形舞”，舞蹈路线的样式呈弯曲的镰刀形，“镰面”指向蜜源。当蜜源超过37米时，又改跳“∞字摆尾舞”。

印度蜜蜂筑巢于树洞等黑暗、隐蔽的地方。岩蜂多筑巢在岩缝、树枝等光亮、空旷的地方。它们的语言基本上和黑色奥地利蜜蜂相似，也使用“圆形舞”和“∞字摆尾舞”，但是，各有自己的“方言”。印度蜜蜂当蜜源距离达3.05米时，“圆形舞”变为“∞字摆尾舞”。而且印度蜂的“∞字摆尾舞”节拍比黑色奥地利蜂慢，而岩蜂又比印度蜂稍快。例如，蜜源距离为3.05米时，黑色奥地利蜂每15秒跳4.7圈，岩蜂跳6.7圈，而印度蜂只跳4.4圈。

无刺蜂出产在斯里兰卡。它们的报信信号最简单。当一只工蜂发现食物时，只是在巢脾上乱跑乱蹦一阵，一股劲地冲撞同伴，引起蜂群骚动，让同伴们跟随它一起出去采蜜。领头的工蜂飞行时遗留下上颚腺产生的一种特殊气味，作为指示方向的标志。这种指示方向的办法是无刺蜂所特有的，但效果不很好，对方向、距离指示得并不准确，因而跟随在后边的蜜蜂只得循迹搜索蜜源。

生 物 钟

说到这里,你也许要问:蜜蜂的飞行以太阳定位置,而太阳在天空的位置总是不断地从东向西移动的,如果蜜源很远,一来一往太阳向西偏了一些,蜜蜂又怎样能准确地指示蜜源的方向呢?是不是蜜蜂也有一个"时钟",能够根据时间来修正飞行的方向呢?

这问题想得很好。

科学工作者经过仔细观察后发现,回巢报信的蜜蜂不仅不断地跳舞,而且跳"∞字摆尾舞"的直跑方向,随着时间的推移而不断转动。转动角速度每小时沿反时针方向转15°,24小时正好转一圈(360°),如果把它描绘下来,就成了一个"钟面",这就是蜜蜂的"生物钟"。"∞字摆尾舞"的直跑方向,好像蜜蜂的"钟面"上的时针,它能指示各个时刻蜜源与太阳有关的方向。

试验发现:有一蜜源在蜂箱的南方,每天早晨六点,太阳从东方升起,这时蜜蜂的"时针"(即直跑方向)指向"6",就表示蜜源方向与太阳方向成90°的夹角,告诉同伴朝太阳方向右方90°飞可以找到食物。到了上午10点,太阳已移到正南方向,与蜜源方向一致,这时"∞字摆尾舞"的直跑方向转向巢壁的正上方,"时针"就指着"12",表示飞向太阳的方向就可以找到食物。

看,生机勃勃的蜜蜂世界,真是多么复杂而又巧妙啊!

用声音"交谈"

过去很多人都认为,蜜蜂根本听不到自己的嗡嗡声,它们一个个都是聋子。

科学工作者最近几年发现，这个结论是错误的。蜜蜂除用舞蹈相互通信外，还用声音进行“交谈”。当“侦察兵”用舞蹈与别的蜜蜂“讲话”时，把小型微音器放入蜂巢内，就能听到洪亮的“特尔——特尔”声，短暂停顿后又复始。其他工蜂，在听到这种信号后即离巢外出觅食。研究证明，蜂音的持续时间与蜜源的距离有关，例如，声音持续 0.4 秒钟，就是告诉同伴：“在离家 200 米左右可以找到食物。”另外，单个声音的高度及其停顿的延续时间，大概指示已找到的花蜜的质量和数量。

到此，人们认为蜜蜂的“语言”之谜已被全部揭示，于是就制造了一只电子蜂放入蜂巢，它在跳舞时也发出一定声音。按理，围绕着人造蜂的工蜂们一等舞蹈结束，就应该飞出蜂巢寻找所描述的蜜源。然而，恰恰相反，出乎人们的意外，人造蜂遭到了真蜜蜂的围攻。许多蜜蜂闻声而来，扑到假蜂身上，要“弄死”它，并在假蜂身上留下了许多毒刺。原来，在舞蹈蜂发出声音后，有时还能听到其他的声音，看来，这声音是周围蜜蜂中的某一只发出的，好像是说：“我懂得。”此时舞蹈应立即停止，以使别的蜜蜂有可能嗅到舞蹈蜂身上的花蜜味。而人造蜂的过失就在于，它对其他蜜蜂发出的这一信号，竟然置若罔闻，仍然舞蹈不已。于是，真正的蜜蜂被激怒了，便群起而攻之。

科学工作者从失败中总结了经验教训，对电子蜂进行了相应的改进，攻击就停止了。这使科学工作者产生了一个诱人的设想：将来用人造蜂来指挥蜂群的活动！想让蜜蜂向什么地方飞，就令电子蜂跳相应的舞蹈，并发出相应的声音。

寻芳采蜜

“侦察兵”从某一种植物上采得花蜜后，通过舞蹈报告这种植物的远近和方向，而其他的工蜂飞出去以后，是怎样找到这种具体的植物呢？

在没有回答这个问题之前，先来讲一个“蚂蚁愚弄楚霸王”的民间故事。

据说，楚霸王项羽被汉高祖刘邦逼得走投无路，退兵乌江，准备东渡。项羽到了乌江，在江边上发现了“项羽自刎乌江”六个大字。他仔细一看，这六个大字并不是用墨汁写的，而是由许许多多蚂蚁排成的。项羽大吃一惊，暗想：“难道我楚霸王竟是如此下场吗？天不容人，连蚂蚁也羞辱我了！”他又气又恼，于是就在乌江边上拔剑自刎了。

蚂蚁怎么能排成这六个大字呢？

原来，刘邦的谋士张良，在项羽未到乌江之前，就派兵用糖汁写成这六个大字。蚂蚁嗅到糖的香味，便从四面八方聚拢来，吃这糖汁，使有勇无谋的项羽中了计。

这虽然是一个民间传说，然而却提出了一个科学上的问题——昆虫的趋性。

昆虫对气味都有一种趋性。蜜蜂就是利用这种趋性找到“侦察兵”发现的蜜源植物。

原来，当“侦察兵”满载着花蜜回家的时候，身上就带有这种花儿固有的香气。蜜蜂有相当敏锐的嗅觉。当“侦察兵”在巢脾上跳舞时，使这种香气发散，其他蜜蜂就爬到“侦察兵”的周围，辨别这种香气。

它们就是依靠“侦察兵”带回来的香气，到处热心求访的。

然而，有些虫媒花是没有香味的，那么它们又怎样去找花蜜呢？

原来在蜜蜂的腹部有一种腺体，开口在尾端附近。这种腺体名叫臭腺，能分泌一种带有香味的物质。臭腺分泌物属于一种外激素，成分比较复杂，已经分离出来的有牻牛儿醇、橙花酸和柠檬醛。这种外激素是以空气传播，通过嗅觉感觉到的。“侦察兵”在不具香味的花上采得多量蜜汁时，就将自身固有的这种香味散发到花朵上，回巢跳舞时也散发这种香味，其他工蜂就能按这种香味寻到花朵。

让小蜜蜂听人的指挥

如果蜜蜂已经开始采某一种花，它对于这种花将始终不渝地去采，甚至能持续几个星期，直到这种花凋谢为止。这是一种可贵的特性。对于蜜蜂来说，这是有利的；它熟悉了这种花，采蜜的时候就能节约时间。对于花来说，也是有利的，蜜蜂给它们授粉，它们才能结出许许多多种子。

有首歌儿，最能说明蜜蜂和鲜花的关系：

鲜花开放蜜蜂来，蜜蜂鲜花分不开。
蜜蜂生来恋鲜花，鲜花为着蜜蜂开。

每年春天，那粉红色的桃花，白的梨花，金黄色的油菜花……都竞吐幽香，吸引着蜜蜂去采蜜，为它们传粉。

于是，一只只蜜蜂飞来了，到各种花儿家奔忙。

然而，有一种植物叫红三叶草，它每年都开出红色的花，蜜蜂却不愿意为它“做媒”。

难道红三叶草的花，没有甜汁“设宴”招待蜜蜂吗？

不是的。红三叶草的花吐着香气，流着蜜汁，只不过它的花筒较深，蜜汁藏在花筒底部，蜜蜂在这种花上，比采别的花多费几倍的力气，才能吸到甜汁。因而，当红三叶草开花的时候，如果附近有别的花开放，蜜蜂就飞到别的花上，很少飞到红三叶草的花上。

不行啊，红三叶草是上等牧草，是家畜的好饲料，如果蜜蜂不去或很少去采蜜，那它们的花就得不到授粉的机会，当然也就结不出种子。

有什么办法能够请蜜蜂给红三叶草的花去“做媒”呢？

研究蜜蜂的“语言”，对于养蜂业本身是有实际意义的。同时，掌握蜜蜂的语言规律，还能对蜜蜂进行训练，让小小的蜜蜂听从我们的指挥。

科学工作者采取了一种有效的方法，改进了红三叶草的授粉工作。他们拿一些红三叶草的花浸到糖浆里，几小时以后，这种糖浆就含有红三叶草花的香味了。晚上，他们就用这种糖浆给蜜蜂吃。第二天早晨，几只“侦察兵”就飞到红三叶草的花朵上去，把口器探到花筒底部吮吸甜汁。当“侦察兵”的蜜胃里装满了红三叶草花的蜜汁回到家里时，在巢脾上跳起了“欢乐舞”，大群的蜜蜂就会飞到红三叶草的花上去。红三叶草充分得到授粉的机会，种子的产量提高了。

现在，我国各地农村广大农民，如果想要蜜蜂给某种农作物或果树授粉，用这种方法去“指挥”蜜蜂，那么，蜜蜂就会乖乖地朝人们所指的地方飞去。

训练蜜蜂给农作物或果树授粉，不但提高了农作物或果树的产量，同时，经过训练的蜜蜂，能到集中的地方去采蜜，这就减少了蜜蜂往返于蜂巢和蜜源之间的时间和体力的消耗，采更多的蜜，增加蜂蜜的产量。蜂蜜的种类是繁多的，以酿蜜所取原料分，有花卉蜜和甘露蜜；而花卉蜜中又有荔枝蜜、椴花蜜、槐花蜜、柑橘蜜等等。各种花蜜其色、香、味以及营养成分各不相同。近几年来，特别是根据医疗事业需要某一种蜂蜜时，就可以训练蜜蜂到特定的花上去采。

训练蜜蜂为农业生产服务，这是人类劳动和智慧的一个大胜利。

蜜蜂的记忆力

法布尔的实验

法国的亨利·法布尔，是世界著名的昆虫学家。在他的名著《昆虫记》一书中，记述了他关于蜜蜂记忆力的实验。

“我希望再晓得些关于蜜蜂的故事。我听人说起蜜蜂有辨别方向的能力，它从被抛弃的地方，可以回到原处。有一天，我在屋檐下的蜂箱里捉了40只蜜蜂，把它们放在纸袋里，我叫我的小女儿爱格兰在屋檐下等候蜜蜂回来。我便带了它们走了二里半路，就把它们抛弃了。”

“在我抛弃之前，我把每只蜜蜂的背上都做了白色的记号。为了做记号，我的手被刺了好几口，有时候我忘记了自己的痛，紧紧地按住了蜜蜂，结果有20多只都损伤了，其余的蜜蜂先向四面飞开，好像在找寻它们归途的方向。”

“同时，空中吹着微风，蜜蜂们飞得很低，几乎碰到地面，可以少受风的阻挠。这样低低地飞，它们更不容易瞭望它们的故土啊！”

“我回家的时候，想到它们在如此不利的环境下，一定要失踪了，但是小女儿爱格兰涨红了脸很高兴地说道：‘两只！在两点四十分的时候回到巢里，它们还带来了满身的花粉。’我是在两点钟时，把它们放了。在三刻不到的时间里，它们飞完了二里半路，还要除去采花粉的时间。”

“在那一天将夜的时候，我还不见其余的蜜蜂回来。第二天，当我检查蜂巢时，又看见了15只有着白色记号的蜜蜂在巢里了，20只中有17只蜜蜂没有迷路，尽管空中吹着微风，沿路是陌生的田野，但是它们终于回来了……”

亲爱的读者，你读了这个故事，是否想过，小小的蜜蜂，远离蜂房访花采蜜，怎么能记住路回到家里来的呢？

定向的“罗盘”

是啊，蜜蜂常飞到离家两三公里的地方去采蜜，路途是那么遥远，在回家的途中，它们不会迷失方向吗？

不会的。它们有定方向、定位置的能力。

科学工作者做过这样的实验：他们用高速感光的照相底片，在光谱的紫外线区研究了云所发散的太阳光，同时对蜜蜂的活动进行了观察。结果在24张照片中，有11张中可看到比背景略为明亮的“太阳像”，其余13张则没有。也正是在上述11张有太阳像的情况下，飞出去的蜜蜂，毫无差错地确定了方向，回到家中。而在其余的13张没有太阳像的情况下，飞出去的蜜蜂迷了路，没有飞回家来。

蜜蜂既是依据太阳定方位的，那么，它必然有定向的“罗盘”，这个罗盘就是它的眼睛。

蜜蜂有5只眼：3只排列成三角形的单眼，2只由许多只六角形的小眼球组成的大复眼。3只单眼很近视，只能看到近处的东西，大复眼却能看到很远很远的物体。

在蜜蜂的家庭中，各种不同的成员，组成复眼的小眼球的数量亦不同。母蜂的每只复眼是由5000个小眼球组成，雄蜂的是由8000个小眼球组成，而工蜂的每只复眼,则是由4000个小眼球组成。这些六角形的小眼球组成的复眼并不能转动。因为复眼上下左右皆相对应,所以各个方向的物体都能观察到。组成复眼的每只小眼只能接受平射过来的光线,光线角度不对,这只小眼就不能感受。因此,蜜蜂在按直线飞行的时候,在复眼中的许多小眼中,就只有一只小眼看到太阳光。这样,复眼就可以根据光线方向的不同而感知不同角度的光线,以确定光源的方位。

现在你该明白,蜜蜂为什么能以太阳来定方位,而且也该相信,两只复眼是蜜蜂的定向"罗盘"了吧!

聪明的"学生"

蜜蜂以太阳来定方位,使自己不会记错路,这是千真万确的事实。可是,养蜂场饲养着许多群蜜蜂,每群蜂又是依靠什么记住自己的家门呢?

回答是肯定的,依靠记忆力。

原来,蜜蜂是最进化的昆虫。你别看它们那样小,在它的身体里却有比较发达的神经系统。脑是神经系统的中心,它可以根据感觉器官,如眼、触角、表皮上的触毛等,感受外界对它的刺激,并发生一定的反应。甚至在多次反复地感受到某一种刺激后,还能产生记忆。

当然,蜜蜂的脑与高等动物相比,只能是小巫见大巫罢了。不过,如此简单的脑子竟具有识别和记忆的能力,这不能不使人感到惊奇。

请看下面的事实。

在一张围绕着蜜蜂转动的小桌子上,放着画有各种几何图形的五光十色的画片，有正方形、圆形和十字形的，这些画片被玻璃覆盖着。如果要“教会”蜜蜂记住其中的一个图形，只要在那个图形的玻璃旁，放上一只盛有糖浆的小碗，而在旁的图形上却只有一小碗清水。经过训练，蜜蜂就会记住这个图形。这时，如果把糖浆拿掉，换上一小碗清水，在桌上不留任何痕迹，蜜蜂就会飞向它记住的图片，并且停下来等待物质奖励。值得强调的是，桌子时刻在转动着。有时画片的位置搞乱了，图形的颜色和画片的底色也变了，甚至图形发生变形，面积扩大或缩小，但只要各种几何图形的特征仍然保持着，蜜蜂便“胸有成竹”地依然向记住的图形飞去。

蜜蜂的识别和记忆本领可谓高强了，一个等边三角形即使放在几个正方形之中，蜜蜂照样能把它找到。看来，蜜蜂是通过对图形的角和边形态的观察，得到图形的清晰形象的，进而把它记住。

更有趣的是，在“蜜蜂学校”的一个班级里，还曾经进行过一次水平较高的测验。在桌面上不规则地堆放着很多串链条，每一串银光闪闪的链条都是由无数圆环组成的，其中只有一个圆环是黑色的。用什么方法来分辨每一串链条呢？这对人来说，也是颇为费解的。可是训练后的蜜蜂却十分善于观察，它们发现黑色的圆环总是在链条的尾部，只不过前后位置略有不同而已。记住了这个区分方法，临场应试时就不会不知所措了。

更为使人震惊的是，蜜蜂还懂得数数。它们在实验台上数着图片上的圆：一个、二个、三个……至于圆的位置和直径大小，对蜜蜂来说并不重要。蜜蜂使出浑身解数，专心致志地挑选的是带有几个圆的图片，因为正是在其中一张图片上，它曾尝到一顿糖浆。

科学工作者指出，蜜蜂具有惊人的记忆力。如果有那么一天，某个刺激使它找到了诱饵，它就会一辈子记住这个刺激反应。

有人说，蜜蜂是一些罕见的“聪明学生”，看来是毫不夸张的。因为它们明显地具有概括视觉形象的才能，领到“毕业证书”的蜜蜂，在崭新的条件下，也能凭借自己曾经积累的经验，正确地运用学得的知识去指挥自己的行为。

蜜蜂也就是利用这样“经验的积累”记住自己的家门口的。你看，幼小的蜜蜂是在家里生活和工作的。等到它们长到两星期以上时，就到蜂箱外面去练习飞翔，这叫做试飞。起初，它们只是在蜂箱附近的上空飞翔，头朝着蜂箱，观察着蜂箱的颜色、形状和周围相邻物体的特征，并逐渐扩大飞翔的范围。就这样，经过几天试飞，当它们记住了自己的家以后，才飞到远处去采蜜。

航海人员的助手

只要我们仔细观察一下大自然中的生物，就会发现它们都有各自的奇妙“装置”，以适应环境和更好地生存发展。

蜜蜂的一对复眼，曾使许多科学工作者为之向往。科学工作者在研究蜜蜂复眼的过程中，得到了有益的启示，从而在工业生产上获得了新创造。

我们已经知道，蜜蜂是依靠太阳光来定方位的。定向的“罗盘”就是它的一对复眼。复眼在视觉上起着主导作用，而单眼起辅助作用。蜜蜂在阴天时，也能找到太阳，这与复眼的结构有关。原来组成复眼的几千个小眼，每一只小眼又由角膜、晶体、色素细胞、视觉细胞等部分组成，都可以造成独立景象。它们好似看立体电影所戴的眼镜一样，是一种“检偏振器”。在阴天时，太阳光透过云层被散射成了“偏振光”，人眼看不见太阳，就不能判断太阳在天空的位置；可是蜜蜂的这种“检偏振器”，却可以根据“偏振光”的方向，确定出太阳的位置。

也许你会感到奇怪，但这完全是事实——蜜蜂的复眼和航海发生了关系。人们在研究了蜜蜂的复眼后获得启发，从而在光学仪器的研制上获得了新的发明。

近几年来，光学仪器的设计，根据蜜蜂复眼的原理，为航海人员创制了一种“偏振光天文罗盘”，从而使天空有乌云时的定向问题得到解决。

“偏振光天文罗盘”是航海人员的得力助手。有了这种仪器的帮助，即使天空中布满了乌云，看不到太阳，也能准确地测定太阳的方向。使得在茫茫大海里航行的轮船，乘风破浪，安全前进。

你看，自然界中充满了多么奇妙的“生物机器”啊，而且它给予人类多么重大的启示。

晴　雨　表

蜜蜂最喜欢在晴朗微风的天气活动，要是乌云遮日或者下雨，蜜蜂总是很小心谨慎地躲在那雨水不能透过的蜂箱里。

假使能预料这种坏天气，对蜜蜂来说是很重要的。蜜蜂最怕坏天气。雨淋会使它们身体发抖，失去飞翔能力。最重要的是，在这种天气里，太阳完全被乌云所遮盖，它们失去了“指南针”，必然迷失方向，回不到家中。所以，在白天它们长途跋涉去花田里采蜜，如果遇到坏天气，那实在是一件危险的事。

所以，每当低气压来临，蜜蜂总是躲在家里。这样风啊，雨啊，寒冷啊，就不会影响到它们了。

蜜蜂的这种推测气候的天赋，得到了养蜂人的很大信任。

山东省济宁县有一位养蜂老人，对蜜蜂的活动规律了解得很详细。有一天，早晨还下着细雨，根据气象站的预报，要继续下雨，但养蜂老人跑到气象站说：

“今天保证没雨，如果有雨的话，蜜蜂就不会出去采蜜啦！”

气象站按蜜蜂的这个习性作了补充预报，果然上午天气由阴转多云，最后转晴了。

“蜜蜂出窝天放晴”，这是养蜂人的宝贵经验。养蜂人要出远门，或者要安排农事活动，往往要事前征求蜜蜂的“意见”，做与不做，几乎全由蜜蜂来决定。

看来，小蜜蜂真称得上天气预报的晴雨表了。

探雷高手

众所周知，当现代战争结束的时候，它们对人类造成的威胁和破坏，却仍在继续。

硝烟散尽，战场不复存在，然而，埋在战场下面的地雷，却还在延续着战争的残酷。

事实也的确如此。据统计，目前世界各地约有1.1亿颗地雷等待排除，每年约有2.6万人因此而丧生或变成残废。

看来，战争结束后，排雷就应该摆上军事专家的桌面了。

其实，伴随着战争的进程，人们一时一刻也没有放松对排雷的研究。

目前，人们常用的一种排雷方法，是用一种便携式金属探测器探雷。不过，效果却不尽如人意。

于是，军事专家们一致在为此绞尽脑汁，想研究出一种更加有效的方法。

有趣的是，美国的专家把设想瞄向了蜜蜂，想利用蜜蜂特强的记忆力，训练其探雷。

我们已经知道，在过去几十年中，经过特殊训练的蜜蜂，在污染控制和环境监测上曾大显身手。然而，要让其探测埋在地下的地雷，它能胜任这一光荣的使命吗？

行与不行，这得由实践来验证。

需要指出的是，出于“生存的需要”，蜜蜂的嗅觉异常敏锐，因此，可以识别出狗都无法分辨的气味，再加上它们具有惊人的记忆力，所以能够记住大量不同的气味。“群体出动”又是它们的固有习性，因此，在搜索同样面积的情况下，远远比狗更能“有效工作”。这就是说，人们很容易训练蜜蜂飞向一种散发着气味的物质，不管它是不是食物。请别忘记，蜜蜂还有另一种特性，就是它们不仅能记住闻到的气味，而且还能把这种认知，迅速传给自己的同伴。换句话说，只要训练一只蜜蜂，就能使同它接触的所有蜜蜂，都跟它一样“训练有素”。

鉴于以上原因，在过去几年中，科学家一直在用和真地雷成分相同气味的三硝基甲苯，也就是人们常说的梯恩梯（TNT）炸药的气味训练蜜蜂。

当然，这种炸药是地雷引爆装置的主要成分。

为了让蜜蜂熟悉梯恩梯的气味，研究人员就在地雷上面放上蜜水吸引它们。这样，经过多次吸食以后，再一闻到这种气味，它们就会伸出舌头，以为还能喝到蜜水。

据说，这种“探雷蜜蜂”，只需要接受短时间的训练，就能够胜任新任务的需要。由于这种气味已经在“小工兵”的头脑中形成了良好的记忆，所以就能够在“真刀真枪”的环境下接受考验了。

看来，用不了多久，蜜蜂真的会成为军队或警察手中的“特殊武器”，就像人们使用狗、大象和鸽子一样。

对此，人们已经深信不疑。

尾 上 针

门 警

在蜜蜂的家门口有着非常有趣的事情：当一只从花丛间采了蜜汁的蜂，回到家门的时候，一两只把守在门口的蜂就向它走来，扇动着触角，好像说：

"有出入证吗？快拿出来看看！"

当它们经过细致地检查，认清了这是自家的成员以后，就很快地闪到一旁，让外来的蜂进去。

当外来的蜂进去以后，它们又站到原来的岗位上。

这一两只把守在门口的蜂究竟是干什么的呢？

它们是这所屋子的"门警"。

原来，每一群蜜蜂都有本群固有的气味，每一只蜜蜂都有辨别本群气味的能力。也正因为如此，门警才能把守住自己的家门口，防止外客的侵入。

无论白天或者黑夜，它们都是那样尽职，除了在驱逐不速之客的时候，它们是从不离开自己的岗位的。

如果你能耐心细致地观察，就会发现：这些"门警"的头很扁，而身体是深褐色的，并且有着一条条纹路。身上金黄色的绒毛全消失了，它向来的那种环状花纹也不见了。这就告诉了我们：这些“门警”比别的蜂都显得年老，但很活跃。其实，它们就是这个家庭的创业者，现在的幼蜂的“老姐姐”。不久之前，它们还年轻。那时候，它们修巢筑窝，清洁房舍，是天才的“建筑师”；它们辛勤采花，酿造甜蜜，是最能干的“化工工人”；它们哺乳幼蜂，侍候母蜂，是最贤惠的“家庭主妇”。现在它们年老体衰，无力远征花丛，然而却正用全力来保护着这一家呢！

你还记得那《多疑的小山羊》的故事吗？它对每一个来客说：

“如果你是我的妈，请你把白脚伸给我看看；不然，我就不开门。”

而这位蜂群里的“老姐姐”，多疑的程度也不亚于那只小山羊。

它对每一个来客说：“过来，让我闻闻你身上什么味，否则不让你进来。”

除非它认出这是它们家里的一员，它是决不让任何外客混进它家里的。

你看！在门旁走过一只蚂蚁，它是一个大胆的冒险家。它很想知道这个喷着一阵阵蜜的香味的是个什么地方。

“滚开！”老“门警”摇动着触角，提出了严重的警告。

蚂蚁受了它的恐吓，只好走开了。有时候也会遇到一些“厚脸皮”的蚂蚁，仍在门口徘徊，还想待机而入。这时，老“门警”就要离开它的岗位，毫不客气地飞过去追击它了。

这些“门警”也是时常换班的。但无论分配在哪班，它们都非常尽职。

清晨，天气很凉的时候，它们站在岗位上；太阳升起来以后，正是采蜜工作最忙的时候，许许多多蜜蜂从门口飞进飞出，它们守在那里；到了中午，天气炎热，工蜂们暂不出去采蜜，留在家里休息，这时候老“门警”仍在守着门。在这样闷热的时候，它们连瞌睡也不打一下；它们不能打瞌睡，整个家庭的安全都承担在它们身上。

到了晚上，甚至深夜，别的蜂都休息了，它们还像白天一样忙，轮流地站着岗，防备着夜来的盗贼……

勇敢的战士

蜜蜂的家庭，也并不是我们想象的那么安逸。在早春或晚秋蜜源缺乏的时候，附近的盗贼，会来盗取它们的甜蜜的。

于是，它们就更加注意防守。

让我们看一看它们的防范吧，那严密的部署，真会使你吃惊。

在门外边往来巡查的“门警”增多了。在门里边有许多工蜂头朝外爬在脚踏板上，动也不动一下，紧盯着门外。同时，在每叶巢脾的下端还有许多工蜂在那里守候着，那是“后续部队”。气氛异常紧张，就好像弩弓满弦，只要号令一下，就会万箭齐发。

难道这些维护集体利益的战士，一个个还带着武器吗?

是的。那就是它们尾端的毒针。

我们若用布包了手，捉一只正在采蜜的工蜂来，在它的肚子上面轻轻地挤压，便有一根像头发一般细的褐色的针刺从尾端冒出来。这就是蜜蜂防敌用的武器，保护自身的“短剑”；平时收藏在身中的鞘内，等到危险迫身时，才突然放出。

蜜蜂的“短剑”并不尖锐，即使“敌人”被刺也不会怎样感到疼痛。真正使敌人感到疼痛的，是因为针上带有毒汁。我们在挤压蜜蜂肚子时，有一小滴清水似的液体，这便是引起疼痛的毒汁。

如果我们用镊子钳住它的毒刺头，慢慢地向外拉，就会有一粒小小的白囊跟了出来。这就是盛毒汁的囊。样子虽小，但是里面贮藏的毒汁倒够用几十次哩！又因为一面用，一面又在制造新的，所以囊里的毒汁经常是满满的。

每只工蜂身上都有毒针。然而，那只是用来保护自身的武器，以防敌人的追击。它们绝不会联合成大队人马主动向“敌人”宣战。

可是，当遇到“敌人”侵犯，它们也会群起抵抗。

在某些山区，常常有熊来偷蜜。面对着这头庞大的外敌，小小的蜜蜂也无所畏惧。你看，“门警”发出“沙！沙！沙！”的警报，引起全体工蜂注意，准备集体向“敌人”反击。于是，房门以内的工蜂拥到门外，巢脾下端的工蜂移到房门以内，充实防线。侍从蜂也更加留意地保护着母蜂。在“门警”的率领下，许许多多工蜂向熊投去螫针，常常把大熊蜇得鼻青脸肿，狼狈逃窜。

尽管工蜂们带逆钩的毒针会连同毒囊一起脱落在“敌人”身上，自己不久也随着死去，但是，它们从来没有畏惧过。你看，工蜂不仅是出色的劳动者，而且是维护集体劳动果实的勇敢战士。

小蜜蜂给病人“打针”

在养蜂场上，缺乏经验的人，要想走近蜂箱观察一下蜜蜂的生活情况，一不留心往往也要中暗箭的。被刺的部分立刻红肿、发热、奇痒，像浸到开水里一样疼痛难忍。一次被 200 ~ 300 只的工蜂同时蜇着，通常会引起中毒现象：气喘、脉搏跳动频繁和痉挛，而一次被 500 只工蜂蜇着，会引起异常严重的中毒现象，有时候甚至会引起死亡。某些特别敏感的人，受到一两次蜂蜇就会引起不舒服，发生呕吐、头痛现象。

然而，你相信吗，就是这种使人疼痛的蜂毒，还能给人治病哩！

曾经有过这样一件趣闻：一个年轻的妇女，患关节炎已经好几年了，两腿痛得不能走路，夜晚觉也睡不好，还常常发烧，吃不下饭。医生用了许多办法给她治疗，都不见效。她痛苦极了。

有一回，养蜂人捉来了几只蜜蜂，让蜜蜂蜇了她几下。这一夜，她就安安稳稳地睡到天明。用这种奇异的办法接连治疗两个月，她的病竟好了。

蜜蜂的确能给人治病。我国是世界上最早利用蜂毒给人治病的国家。

古代的《左传》曾记载过“蜂虿(chài)有毒”,《稽神录》上载有因食蜂而治疗风湿病的故事。

蜂毒是一种无色透明的液体,有强烈的芳香味。一只蜜蜂的蜂毒量是0.2~0.4毫克。这样微量的蜂毒作用似乎不会太大,事实上,蜂毒的杀菌力是惊人的。在水中,它的浓度即使是只有五万分之一,也就是说,在5万滴水中加入一滴蜂毒,水中的微生物就无法生长。我国有句俗话叫“以毒攻毒”,用在这里是再恰当也没有了。

不过,蜂毒在很大程度上还是一个谜。它的化学成分非常复杂,既含有蛋白质、有机酸,又含有挥发油、脂肪类化合物及其他种种成分,其中还包括完全没有研究出来的物质。现已得知,蜂毒中的成分之一——组织胺,即使在极低浓度下,仍然有使血管扩张、降低血压的功能。因此,药物学家把它归入药物行列,成为药物大军中的新生力量。通过医生的临床证明,蜂毒对于高血压、某些心血管性疾病、风湿性关节炎和神经痛等疾病,能够产生良好的疗效。不久前,人们又发现蜂毒可以防止X射线对肌体的侵害。

可是,话又得说回来,用蜜蜂来蜇人是有痛苦的。再说,我们也不能把蜜蜂都抓来,让它给病人治病。

你想,取一点蜂毒,就死掉一只蜜蜂,多可惜呀!

那怎么办呢?

两全其美

自然界的一切规律都是可以认识和掌握的。人们对于如何制取蜂毒,进行过顽强的探索。

办法终于找出来了!把许许多多蜜蜂放在一个大玻璃缸里,洒上一种叫乙醚的溶液,这种乙醚有麻醉作用,小蜜蜂碰到乙醚,就像人喝醉酒一样倒下了；在不知不觉之中，它们会把蜂毒都排出来，人们马上把蜂毒都拿走。隔了一会儿，蜜蜂醒过来了，它们休息了一会，又忙着采花粉、酿花蜜，而且还会再产生蜂毒。

用乙醚提取蜂毒的方法，虽比直接用蜜蜂蜇人进了一大步，但仍然存在缺点。比如说蜜蜂被麻醉后，不但要影响到采蜜，而且还缩短寿命。

科学王国辽阔无垠，解决了一些问题，又遇到另一些新问题，永远要从新的起点摸索前进。近几年来，我国的科学工作者深入实际，反复研究，进一步摸清了蜜蜂形成蜂毒和排出蜂毒的规律，终于创制成功了“电取蜂毒器”。这种电取蜂毒器构造简单、灵巧。取毒时，只要把电取蜂毒器安装在蜜蜂的家门口，便可以使蜜蜂准确地把毒汁排在特制的白纸上，取出来的蜂毒质地纯净，剂量准确。而蜜蜂还是照常去采蜜。

这真是一个两全其美的办法。

目前，我国各地医药公司里出售的“蜂毒注射液”，就是用这种方法做出来的。不过，蜂毒的化学成分目前还没有完全研究清楚，科学工作者仍在努力进行探讨。

科学工作者的努力，将会给病人带来更大的幸福。

蜂乳的秘密

“厨师”和“保姆”

当成千累万的“建筑师”预备好了足够的用作摇篮的蜂房以后，母蜂便从这一间到那一间里产卵。

母蜂在每一蜂房里只产一个卵。

卵产下后的3～6天，便有一条幼虫从卵里孵化出来。这是一条白色的蠕虫，没有腿，没有翅，那弯曲的样子，很像一个“，”号。

于是，“保姆”们便开始做仔细的保育工作了。它们必须每天几次地把营养品分配给小小的幼虫，这些营养物质不是现成的蜂蜜和花粉，而是工蜂咽腺里分泌出来的一种半透明的白色浆液——蜂乳。当母蜂产下的卵还没有孵化之前，工蜂就在产了卵的蜂房里，吐上一些蜂乳，这样幼虫一孵化出来就能吃了。

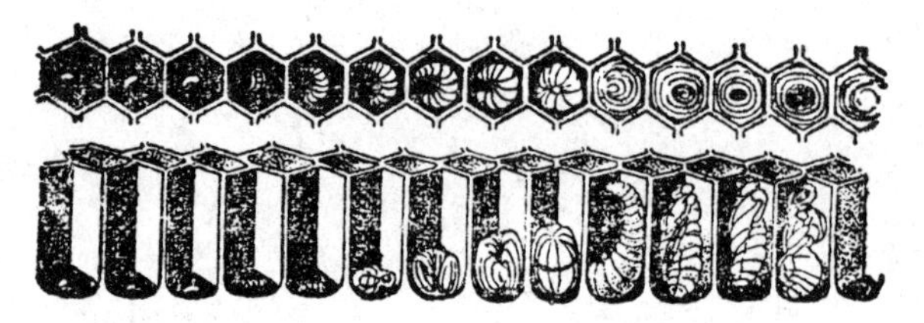

1 2 3 4 5 6 7 8 9 10 11 12-21
1-3，卵 4-9，幼虫 10-11，封盖幼虫 12-21，蛹

我们给一个哭着的小囡囡，是给一块肉吗？不是的。是先用母亲的乳汁，长大一些再用牛奶和白面做成的乳糕。蜜蜂也是这样的。幼虫吃了几天蜂乳之后，工蜂才喂给它们用花粉和蜜做的蜂粮。

工蜂是位高级的“厨师”。蜂粮就是它们吸食五分之三的蜜，五分之一的花粉和五分之一的水，在自身的“炉灶”——胃里消化以后吐出来的。

调制蜂粮所需要的水，是工蜂到小河和溪边去汲取的。蜜蜂携回巢内50克水，就需要出征1250次。

“保姆”饲喂10000个幼虫，就需要1.5千克蜂粮。

在“保姆”的辛勤照料下，幼虫长得快极了，一天工夫体重就增加了100倍。

幼虫在6天以后，得到了充足的发育。那时候，像其他昆虫的幼虫一样，它们也要隐身去过蜕皮的生活。它们不再吃东西了，为了使自己的肉体在紧急关头减少痛苦，它们像蚕宝宝一样吐丝结茧，把蜂房内部用丝衬起来。这时，“保姆”便在外面用花粉混上少量的蜡质，把它的房门封上平坦的盖子。

工蜂们对这穿着丝衣的幼虫给予无微不至的关怀。冷了，它们便匍匐在平坦的房盖上，一动不动，保护蜂儿温暖；热了，它们就鼓起四翅扇风，把家里污浊的空气扇出去，调节巢内的温度。

幼虫在孵化过程中，最适宜的温度是34℃左右。

就这样，幼虫在衬丝的蜂房里，变成蛹。

再过12天之后，蛹便从沉睡中觉醒过来了，抖了抖身子，把它的狭窄的外壳扯掉，变成了蜜蜂。

蜂房口的蜡盖是由里面的幼蜂和外面的“保姆”合力咬破的。那外面的“保姆们”热烈地期待着这小生命的出世。于是，蜂箱里便增加了一个有翅的小成员。新生的蜂，装扮了一下自己，弄干了翅膀，便去做工了。它不曾学习过，便知道自己的职务。

饲养幼虫，是工蜂在家里最繁重的工作。一只幼虫每小时就得喂饲40

~60次，在它的整个成长过程中，要喂饲8000多次，才能发育成蜂。

工蜂尽忠地养育着幼虫。它们自己没有儿女，却专门为母蜂服务，对待母蜂繁殖的后代，竟像自己亲生的一般爱护。它们不但哺乳幼蜂，而且还侍候母蜂，是蜂群里最好的“厨师”和“保姆”。

有父有母的姊妹和无父之子

你听说过“女儿国”的故事吗？

在《西游记》里便有这样的故事：猪八戒曾经到过“女儿国”。那里没有男人，全都是女人。她们要生孩子，只要喝一口“子母河”的水就能怀孕。所以，那里的孩子都没有父亲。

这当然是谁也不会相信的神话！

然而，在蜜蜂的家庭里，倒有类似的事情。

雄蜂就是无父之子。

每年，当蜜蜂的家庭里需要雄蜂的时候，母蜂便在“雄蜂房”里产下没有受精的卵。妙啊，这样的卵孵化出来的都是雄蜂。

母蜂不经交配，就可以产下没有受精的卵。这叫做“孤雌生殖”。

但是，母蜂和工蜂却是由受精卵发育成的。

母蜂在“工蜂房”里产下的受精卵，长大了就是工蜂；在“母蜂房”里产下的受精卵，长大了便是母蜂。

这就是说母蜂繁殖后代有两种方式：一种是孤雌生殖，生雄蜂；一种与雄蜂交配，生下工蜂或新母蜂。

那么，同一母蜂所产的受精卵，为什么能发育成工蜂和母蜂两种蜂呢？

原来，这与受精卵发育条件有关。需要培育成母蜂的卵，是产在特殊的蜂房里。这些蜂房比工蜂房要宽敞得多，而且非常坚实。它的样式跟一个乳头一样，叫做母蜂房。

母蜂房里的卵和工蜂房里的卵是没有区别的，都是受精卵；只由于住房容量不同和饮食成分的差别，才决定了将来是母蜂还是工蜂。如果工蜂一直用蜂乳喂幼虫 16 天，幼虫便成为生殖器官发育很完善的蜜蜂——母蜂；如果只喂它 3 天蜂乳，以后则改喂蜂粮，那么 21 天后，幼虫便成为生殖器官发育不完善的工蜂了。

这种具有特殊营养的蜂乳，促成了幼虫异乎寻常的发育。将来要作母蜂的幼虫，住在宽大的母蜂房里，就是为了这个缘故。

那么，母蜂为什么能产受精的和没有受精的两种卵呢？

原来，母蜂在与雄蜂交配时，从雄蜂那里接受的精子，贮藏在贮精囊里，不入卵巢。所以卵巢里的卵，还完全是未受精的。母蜂在雄蜂房产卵时，卵子从卵巢下降到输卵管时不与精子结合，产出来就是没有受精的卵；当母蜂在工蜂房和母蜂房里产卵时，卵子从卵巢下降到输卵管时，就与贮精囊里的精子结合，完成受精作用，产下来的就是受精卵。

要知道，母蜂交配后，从雄蜂那里接受的精子，在贮精囊里能活三四年哩！这恐怕就是母蜂一生只交配一次的道理。

母蜂和工蜂，是由受精卵发育成的，所以是有父有母的姊妹。

如果要问：在蜜蜂的家庭中，受精卵为什么偏偏发育成雌性个体，而未受精的卵则发育成雄性个体呢？这问题有待进一步研究。在我们周围的世界里，充满了各种神奇的秘密和难解的谜，都等待我们去打开它。

灵丹妙药——蜂乳

工蜂咽腺里所分泌的一种乳白色浆液——蜂乳，现在特别受人注目。

我们已经知道，工蜂和母蜂都是由受精卵孵化出来的，可是专门享受蜂乳的母蜂，在形态和生理机能上与工蜂却显然不同。母蜂 16 天就可以成熟，体形要比工蜂大 1 倍多，寿命也特别长，一般能活三四年甚至七八年。工蜂不能生育，寿命只有两三个多月，即使在越冬时期，它最多能活 6 个月。

母蜂因为吃了营养特别丰富的蜂乳，能在一昼夜间产 1500 ~ 2000 个卵，这些卵的总重量超过了它本身的体重。看来，蜂乳有刺激生殖能力和延长寿命的作用。

事实也的确如此。根据文献的记载，英国有人在饲养蜜蜂时，常常把不用的巢脾扔在外面。但是在扔掉的巢脾的木框上就含有喂给未出房的母蜂和工蜂的蜂乳。这些东西被鸡吃了，鸡就连生双黄蛋。

人们受到这样的启示，就估计蜂乳内含有非常丰富的营养。长期的实践证明，养蜂人大部分比较长寿，而且身体健康，有的甚至活到百岁以上。因此，有人就把这样的健康体质归功于蜂乳。当然这种推测是不全面的。因为这不能单纯从蜂乳来考虑，还有一些其他因素，如养蜂人经常接触阳光和新鲜空气，又加上经常能吃到蜂蜜等，这都是促进健康的条件。

后来，英国的资本家为了取得高价利润，就用这种原料制成化妆品大肆宣传蜂乳的价值，在国际市场繁盛一时。不过，由于价格太高，不是一般人所买得起，因而出售不了。这样一种有益于人类健康的东西，在资本主义制度下，没能发挥出充分的作用。

我国是从 1945 年开始研究蜂乳的。当时，由于国民党政府的黑暗统治，也未能用于广大人民群众的保健事业。解放后，在党中央的正确领导下，全国各地大搞群众性科学实验活动，蜂乳的生产量不断提高，新产品“蜂乳精”早已问世，为广大人民服务。

服用过蜂乳的人，像吃了什么“灵丹妙药”似的，食欲大增，精神焕发，新陈代谢旺盛。

经过我国科学工作者的研究证明，蜂乳里含有大量的蛋白质、20 余种氨基酸，各种维生素、激素、乙酰胆碱、油脂、矿物质、放射性物质等 70 多种成分。

实验证明，在牛、羊、家兔等的饲料中掺入一定量的蜂乳，结果这些动物的血液中，血色素和红细胞数目大大增加，皮毛变得更稠密和更有光泽，它们的寿命大为延长。用蜂乳制成的生理溶液注入母鸡皮下，可以提高产卵率116%；此外，对衰老的母鸡，蜂乳也可以使它恢复产卵。

经过几年来的临床实验证明，当人们服用蜂乳以后，除增加食欲，新陈代谢旺盛外，并确有调节血压、促进细胞增殖、增强造血机能的功效。它对糖尿病、恶性贫血、肝炎、关节炎、神经衰弱、肠胃疾病等有高度的疗效。

蜂乳，这种母蜂的佳肴、人类的珍品，已引起世界各国科学工作者的重视。科学工作者正怀着强烈的兴趣，进行顽强的探索，想揭开蜂乳的全部秘密。

生产更多的蜂乳

现在，我国的科学工作者为了把蜂乳利用到人体的保健事业方面来，北京、上海、太原、福州等地的卫生部门，都已经同养蜂场建立了协作关系，正在研究如何让蜜蜂生产更多的蜂乳。

要想了解我国科学工作者是怎样指挥蜜蜂更多地生产蜂乳之前，得先来看一看养蜂人过去是怎样获得蜂乳的。

每年，蜜源丰富的季节，蜜蜂的家庭也就跟随兴旺起来。当蜜蜂的家庭成员多得家里容纳不下时，工蜂们便急忙在巢脾上建造一些母蜂房的房基，母蜂便在里面产下受精卵，工蜂们接着便在每个母蜂房基里，吐上丰盛的蜂乳。

养蜂人就是抓住这个时机，用一个形如“挖耳”那样小的工具，从母蜂房里一点一滴地取出白色的浆乳——蜂乳。实验证明，在一个二日龄的母蜂房里，一次只可以取182毫克，三日龄的一次可以取235毫克，最多的也只能取500毫克。一群蜂一年只能取4～6克，多的也不能超过10克。

随着医疗事业发展的需要，蜂乳的需要量越来越多，从自然状态下收集蜂乳的方法,越来越不能适应形势发展的需要。

养蜂科学的日益发展,给人们带来了美好的希望。经过我国广大养蜂工作者的摸索,已经创出一套生产蜂乳完整的高产经验,而且已被广大养蜂人员所掌握。

人工生产蜂乳的方法是非常巧妙的。

人们先用木条制成一个育母蜂框,再根据自然母蜂房的样子,做出一些蜡杯。并将人造蜡杯粘到育母蜂框上,一框可粘 30 ~ 60 个。这时再从蜂群里提出一个有工蜂小幼虫的巢脾,把工蜂房内一日龄的幼虫移到蜡杯——人造母蜂房里,全部移虫结束后,便把这育母蜂框放到蜂群里去,一群蜂能放两框。

移虫后 72 小时,工蜂们就向育母蜂框的人造母蜂房里吐上了丰盛的蜂乳。这时候人们就可以取第一次蜂乳。取完后,再移上去,放进蜂群里,进行第二次取蜂乳……

1973 年,用这种方法,仅黑龙江省尚志县一个县,就收获蜂乳 1 万多斤。如果都用这种方法,全国蜂乳的产量就更为可观了。

蜂群里的烦恼和喜悦

母蜂的“口令”

母蜂在蜜蜂的家庭里，能引起全体工蜂的注意，它的存在、外出或者损失，都能被工蜂所知觉。

那么，母蜂是依靠什么来引起工蜂们的注意呢？难道它还有自己的“口令”吗？

在一个养蜂场上，曾有过这样一件趣闻。

一窝蜜蜂在分群时，因母蜂已事前被养蜂人剪了翅，所以落到地上，不幸被车子压死了。工蜂们并没有离开母蜂的尸体飞走，而是集结在母蜂的尸体旁，对于母蜂的遇难，好像根本不知道似的。

后来，养蜂人拿走了母蜂的尸体，并驱散了蜂群。这时天已将黑。第二天，当养蜂人走来观看时，发现大群工蜂还集结在昨天母蜂遇难的所在地。他又把蜂群赶散，并将那里的泥土铲起，移到距该处五六米以外的地方。奇怪，20分钟后，大群工蜂又降落到移过来的泥土上。

这一有趣的现象，给了科学工作者一个宝贵的启示。他们研究后，发现母蜂之所以能成为一窝中的注意中心，是由于它有一种特殊的气味，这种特有的气味，叫做“母蜂味”。

原来，在母蜂的唾液里含有一种特殊的化学成分，它是从母蜂下颚唾液腺里分泌出来的，能使它具有吸引工蜂的魔力。母蜂的唾液腺一旦被人割去，将失去感召力，工蜂们会离开它，甚至会让它饿死。

母蜂对工蜂的吸引力，显然跟它的产卵能力无关。

不论已交配、未交配甚至死去的母蜂，只要它的唾液腺尚未损坏，唾液还有那种化学物质存在，工蜂们就仍然会簇拥在它的周围。

据科学实验证明，这种特殊的化学成分里，包括工蜂能嗅出的一种或数种化学物质。已经分离出来的就有30多种成分。目前能够提纯和人工合成的主要成分有两种：顺式9—氧代—癸二烯酸和顺式9—羟基—癸二烯酸。这两种物质成分被称为“母蜂物质”。

当工蜂饲喂母蜂时，借口器的接触，母蜂将这些物质传递给工蜂，再通过工蜂的互相传递，从而影响整群工蜂的活动和某些生理活动过程。同时，通过母蜂物质的传递，蜜蜂就知道母蜂在蜂群内。

顺式9—氧代—癸二烯酸，具有抑制工蜂的卵巢发育和控制工蜂建造母蜂房的作用。这种酸还是性引诱剂，在交配飞行时引诱雄蜂。这种酸对工蜂也有吸引作用，在蜂群分群时，有母蜂的蜂群能够吸引飞散了的蜜蜂。

顺式9—羟基—癸二烯酸，对于分群蜜蜂没有强烈的吸引力，但是它具有使蜜蜂安静地聚集在一起（结团）的作用。将上述两种酸混合应用，能够吸引飞翔蜂，并且能使它们形成安静的分蜂团。

多有趣，母蜂唾液含有的母蜂物质，不仅能吸引工蜂来侍候母蜂，而且还是整个家庭活动的枢纽哩！

新的家庭

母蜂是非常“嫉妒”的。除了它自己，不允许家庭中再有第二个母蜂存在。

然而，工蜂们一方面对待现在的母蜂非常尊敬，另一方面，又要求有新的母蜂延续种族的生命。

因为这个缘故，“保姆”的蜂乳便喂给母蜂房里的幼虫吃了。

在春末，当新的工蜂和雄蜂已孵化出来的时候，一阵很响的挣扎声从母蜂房里发出来。这时，“保姆”和“建筑师”在母蜂房的外面守卫着，排成层层的大队。“现在还不是你出来的时候，”它们好像说，“出来有危险哩！”它们加厚着蜡门，修补着破洞，尽力地把小母蜂关在母蜂房里，不准它出来。

小母蜂等得不耐烦了，又重新猛烈地挣扎起来。

老母蜂听见了。它盛怒地飞了过来，把母蜂房激愤地踏破，把蜡盖一片片地抛开，把那小母蜂从母蜂房里拖出来，狠狠地撕碎。

但是，千千万万工蜂围绕着老母蜂，把它围困在屠杀的惨剧中，不让它再继续乱动。这样，在工蜂们的保护之下，有几个小母蜂幸运地被保留下来了。

然而，家庭的纠纷发生了。

工蜂们有的帮助老母蜂，有的帮助新母蜂，蜂群混乱骚动起来了。它们将贮蜜室里的蜜抢出来吃，一点也想不到还有明天。它们互相地用刺乱蜇……

在这种情况下，老母蜂最后只能抛弃这个为它所创造而现在又与它意见不合的蜂群。

“爱我的都跟我来！”老母蜂傲然地冲出了蜂箱，永不回来了。爱着它的工蜂——至少占家庭总数的一半——都跟着它飞出去。

这场面真是惊心动魄啊！

蜜蜂像滚豌豆似的，从蜂箱的出入口，急急地向外爬着，不安地嗡嗡鸣叫着，而且越来越多的蜜蜂，旋转着飞向空中。

一会儿工夫，蜂箱的上空就聚集一大群蜜蜂，像一团浓密的红烟似的，遮天盖日。这团红烟有时升高，有时下沉，有时聚合作一团，而有时又很快散开。一种单调的嗡嗡声，不断地从红烟中发出……

蜂群在蜂箱上空大约盘旋十多分钟，即开始离别自己的故居，向新的地区挺进。它们离开故居以后，并不远去，而是在故居的附近，选择一个适当的地方，如屋角、屋檐或者树枝降落下来，结成一个大的蜂团。

母蜂时刻也没有忘记对它的儿女的关怀，当这蜂团结成以后，它必定在蜂团的外面环绕几遍，然后才钻进蜂团中间。

它们为什么不远走高飞，而要在故居的附近结团呢？大概是留恋自己的故土吧？不。它们只是暂时在这里落落脚，等到它们派出去的“侦察兵”，找到合适的居处回来报告后，它们才箭一般地朝目的地飞去。

于是，在蜜蜂的家族中，又多了一个新的家庭。

空中婚礼

在原来的家庭中，拥护新母蜂的工蜂，恢复了秩序。

新母蜂的“嫉妒心”也是很强的。当它的身体稍稍强健，就开始在房内巡行。你认为它这是在熟悉整个家庭的情况吗？不是的。它是在找寻其他的母蜂房，把找到的母蜂房全部破坏，并将未成熟的母蜂杀死。

有时，一只刚出房的新母蜂遇到另一只同时出房的新母蜂，它们彼此先互相谅解，分别找寻母蜂房，一起破坏后，再开始决斗。它们各自将身子竖得笔直，各用口颚咬住对方的触角，头对头，胸对胸地扭作一团。第一个回合结束了，不分胜败，它们分开来休息。工蜂们围绕着它们，不让它们走开。

观战的工蜂们，既然能毫不客气地铲除掉雄蜂，那它们又为什么不把多余的母蜂铲除掉呢？

这是绝不能够做的事情，拯救生命的权力不在它们的手中，它们只有让母蜂自己去决斗。于是，第二个回合又开始了，它们头对着头，互用眼睛盯着对方，这种局面持续几分钟之后，更机智的一个母蜂，趁着对方的一时疏忽，突然跳到对方的背上，抓住对方的翅，在它身上刺了一针。对方伸直了腿，死了。一切便结束了，蜂群里又恢复了原来的秩序和工作。

新母蜂不再有怒意了。它既漂亮，又灵俏。休息两三天以后，换上一身有光泽的深色“衣服”，就要出发旅行结婚了。

婚礼是在空中举行的。

晴朗无风的天气，新母蜂由许多工蜂陪同着飞出蜂箱，在蜂箱上空绕飞，用意是在记住自己的家。到了发现用作标志的某物时，便箭一般地朝远方飞去。

这时，成百只雄蜂闻风而来，越飞越高，一直追到高空去。慢慢地，那些体弱的雄蜂掉队了，最后只有一只飞得最快，而且是最强健的雄蜂，才跟母蜂结婚。

蜜蜂也和别的昆虫一样，不和血统相近的蜜蜂结婚。所以，同巢中的雄蜂对于母蜂毫无爱慕之心，无论在巢内和巢外，决不交配。

婚礼结束以后，母蜂就急匆匆地回到家里，46小时后，即开始产卵繁殖后代，家庭的兴旺也就全靠在它身上。

有时候，那独受尊敬的母蜂，也许因为疾病、意外事故或者年老而死了。工蜂们爱抚地围绕着死尸，它们轻轻地刷着它，用蜂乳喂它，把它翻来覆去，用一切生前的饮料侍奉它。经过几天，它们确实明白它是死了，于是，蜂群忙乱，约两三天的傍晚，都听得见蜂箱里发出的嗡嗡声。

这时，我们如果留心观察的话，会看见几只壮年工蜂，抬着死了的母蜂飞向空旷的原野，把它抛在旷野的草丛里。

老母蜂死后，它们再从普通的工蜂房里，选择一个合适幼虫来做未来的母蜂。这幼虫本来是要长成一个工蜂的，但由于意外的事故，才把繁殖后代的职务加在它身上。工蜂们对要培育成母蜂的幼虫，给予特别优厚的待遇。它们把它住的六角形蜂房和四周相邻的蜂房全捣毁了，扩建成一个乳头形的母蜂房。这幼虫被喂了工蜂们分泌的蜂乳，于是，奇迹便完成了。16天后，家庭里就会出现一个新的母蜂。

母肥儿壮

俗话说，母肥儿壮。蜜蜂也是这样，有了身强体壮的蜜蜂妈妈——母蜂，才会有工作能力强的蜂群。

科学实验证明，一只体格健壮的母蜂，一年能产20多万只蜜蜂；而体质不良的母蜂则一年只能产10多万只。

我们已经知道，当蜜蜂家庭中一旦产生了第二个母蜂，它们就要分家了，这叫"自然分群"。蜜蜂自然分群的缺点，是对母蜂没有选择。新母蜂如果身体瘦小，它的后代就必然是一群瘦弱的、工作能力不强的蜂群。这样的蜂群也不能采得很多的蜜。

人工培养母蜂，实行人工分群，可以避免这个缺点。

怎样培养母蜂和给蜜蜂分家呢？

人工养母蜂和人工取蜂乳的方法相似。选择好一个优良的蜂群，用移虫针将一日龄的工蜂幼虫移入蜡杯——人造母蜂房中，放入蜂群后，工蜂们就给它喂蜂乳，经过16天就培育出一只又大又壮的母蜂。用"诱入器"将母蜂移入新的蜂箱里，分给它一部分蜂就成了。但开始必须让母蜂住在铁纱制成的"母蜂笼"里，因为蜜蜂对这个突如其来的新母蜂还不习惯，可能把它咬死。过一两天彼此熟悉以后，就可以除去"母蜂笼"，使母蜂与雄蜂交配，在新的家庭里繁殖后代。

人工培养母蜂，人工分群，既改良、复壮了品种，又促进了蜜蜂的繁殖，这样的家庭，母肥儿壮，繁荣兴旺。

人类智慧的创造力是无穷的。从了解自然开始，终于创造了比自然更好的东西。

故事没有说完

多少年来，蜜蜂都过着群体的生活，有着严密的组织，而且每窝蜜蜂中只许有一个母蜂。一旦发现第二个母蜂闯入，就会引起搏斗，直至你死我活为止。

过去养蜂人只懂得：蜜蜂是过着单只母蜂的群体生活，所以也就一直按照蜜蜂的老习惯进行饲养。但是蜜蜂为什么只能过着单母蜂的群体生活？如果用人工的方法组成几只母蜂同一个巢的蜂群，蜜蜂的家族不就更繁荣，“人丁”更兴旺，给人类带来的好处不就会更大吗？

多少年来，养蜂科学工作者呕心沥血，顽强地进行着这方面的探索。

要知道，几只母蜂和睦相处一巢的蜂群，将给人类带来更多的好处。

在多母蜂共居的家庭里，几只母蜂一齐产卵，成员的数目不再是几万只，而是几十万只，蜂蜜的产量也会提高10～20倍。

将来，或许会有那么一天，在养蜂场再也见不到一只母蜂的蜂群，而蜜蜂的家庭中，都是10只、20只母蜂和睦相处，共同繁殖着后代；而人类每年从一窝蜜蜂中收入到蜂蜜，不再是几百斤，而是几千斤！

人类对于蜜蜂的认识远不就是到此结束，仍然有许多“谜”没有解开。可以相信，人类对于蜜蜂的认识，一定会在实践中继续经历不断发展的过程。

展望未来，蜜蜂的家庭中一定还会有许许多多新的有趣的故事被人们发掘出来。

XIAPIAN

下篇

田园卫士

TIANYUAN WEISHI

生命之网

一、利与害

人类在进化的道路上，由于懂得了用火，便进入了新的境界；然而，大火也会把整个城市化为灰烬，使大片森林寸木不留。

水，是人类生命的摇篮，它至今仍是发电最经济而有效的动力；可是，它又会使人葬身鱼腹，把万顷良田变成汪洋。

这种本来有益，但由于掌握不当而造成灾害的现象，在生物界也普遍存在。

水生风信子，俗称洋水仙，是一种可爱的花。那碧绿挺直的叶片，那一朵朵倒垂着的花儿，十分瑰丽、别致。那紫色的被称为“紫云囊”，白色的被誉为“白萼仙”……

但是，这么美丽的一种花儿，却曾给一个非洲国家带来过极大的灾难。

事情是这样的。有人从巴西把水生风信子带到非洲，把它们种在这个国家的一些花园里。

如果说原来的自然条件限制着水生风信子的传播，那么，在这新的环境里，它就用令人难以置信的速度繁殖起来。

在一段不长的时间里，它竟盖满了这个国家绝大部分河流、沼地、港湾和水塘，严重地影响了交通运输，造成了奇特的“水仙灾”。为此，统治者不得不组织大量劳力，派遣大批船只去和这些水仙“作战”，为此耗费了几十亿美元。

相反，某些动物原来的数量不能造成很大的危害，但如果乱加捕猎，情况就大不相同了。

豹，在非洲的危害并不太大，虽然它们也吃家畜和家禽，但主要还是以狒狒及野猪为食。可是，有一时期内，却被宣布为有害动物，统治者鼓励人们打豹。结果，豹是稀少了，但狒狒和野猪却乘机繁殖起来。它们猖獗地践踏农作物，使得许多农田颗粒不收，严重地影响了当地劳动人民的生活。

许多动物，由于人类对它们认识不足，造成误会，也是常有的事。

水獭喜欢食用鱼类，因而引起了养鱼者甚至钓鱼者的愤怒。其实，应该感谢它才对。因为水獭所吃的鱼大多是病鱼，如果捕杀水獭，无形中就助长了鱼病的蔓延，等于毁灭鱼群。

有些利害关系，往往牵扯许多方面，错综复杂，发人深省。

1872 年，有人把猫鼬鼠从北非运到牙买加岛，目的是让它们同糟蹋甘蔗园的田鼠作斗争。这种身长一米多的猛兽，也真是田鼠的劲敌，仅仅过了十年，田鼠就差不多绝迹了。然而，繁殖起来的猫鼬鼠却因得不到田鼠吃，就开始危害家畜和家禽，甚至糟蹋庄稼和香蕉了。这时候，园主们又采取了紧急措施，同他们过去的“盟友”宣战。结果，猫鼬鼠绝迹了，但是残留下来的老鼠，又以不可思议的速度孳生起来，严重地威胁着甘蔗的生长……

二、达尔文的分析

自然界的一切事物都是纷繁复杂的，不应简单绝对地看待利和害的关系。

伟大的生物学家达尔文，曾用一个有趣的例子，揭示了生物之间的复杂关系，对于人们正确地认识自然界有深刻的启示。

他发现，英国有种三叶草，必须依靠土蜂的传粉才能结籽、繁殖，而土蜂的巢又经常被盗蜜的田鼠毁坏；谁都知道，猫又是鼠的冤家对头。所以，在英国的市镇附近，常因猫多，鼠就少，土蜂就繁盛，三叶草也异常茂密；相反，猫少，鼠多，土蜂少，三叶草也就比较稀疏。

这个例子，揭示了一条真理：各种生物之间，既相互斗争，相互制约，又相互依存。大自然就是这样构成了一个复杂的统一体，人们称它为“生命之网”。

三、联友抗敌

作为生物大家族中的农作物和果树，同样也和其他生物有着千丝万缕的联系。因此，我们要想改造自然，夺取丰收，就要对农作物、果树同其他物种间的复杂关系，作一番调查研究。

农作物和果树的敌人很多，害虫、病菌、害鸟、害兽和杂草等都是。

解放初期，有关部门曾做过一个估计：我国每年因病虫害所造成的损失，在粮食中占10%~20%，棉花中占40%~50%。这样，每年都有几亿吨的粮食、棉花、水果因病虫危害而得不到收获。在第一个五年计划期间，由于病虫危害，估计平均每年损失粮食190.5亿千克。1956年水稻螟虫危害严重，仅这一项约损失稻谷50亿千克。

据估计，全世界每年由于病虫害造成的损失约达750亿美元。

在被告席上，第一位就是害虫。第一，它的种类多。比如水稻的害虫，我国就有500多种，棉花的害虫有300多种，甚至在仓库里也还有多种害虫。第二，它繁殖快，数量大。有人计算过，一只雌草地螟虫只有0.025克重，但是，把它在一年中繁殖出来的子子孙孙加在一起，竟重达275千克，增加了约1000万倍。第三，它的破坏性极大。各种农作物从种子入土、出苗、结实到归仓，一直都受着害虫的威胁。

在消灭害虫的战斗中，我们可以研究、利用物种之间相互制约，相互依存的关系，培育对人类有利的，抑制对人类有害的，这是科研的一项重要任务。

对大自然有益的生物加以保护、培养、繁殖，利用它们来防治病虫害，这就叫“生物防治法”。

四、过去和现在

人们常说：只有懂得历史，才能正确地估计未来。那么，在拉开生物防治的帷幕以前，让我们先来翻阅一下它的履历表吧！

我国是世界上利用生物防治害虫最早的国家。公元304年，晋朝嵇含著的《南方草木状》一书中，就记有：交趾人以席囊贮蚁鬻街市者，其巢如薄絮，囊皆连枝叶。蚁在其中，并巢同卖。蚁赤黄色，大于常蚁。南方柑橘若无此蚁，则其实皆为群蠹所伤，无复一完者矣。

公元1756年，清人赵学敏的《本草纲目拾遗》一书中，也有益虫灭害虫的记载，如臭虫：性畏蚁。山中有一种红蚁，喜食之。故近山及山寺僧舍。此物甚少。有带入者。辄为山蚁衔去。

国外较早成功的例子是1888年，美国从澳洲引进澳洲瓢虫以防治吹绵蚧壳虫，这比我国晚了1500多年。

解放后，在党的领导下，广大科学工作者在对害虫进行生物防治的科学实验方面，取得了一系列成果。生物防治已成为我国当前对多种害虫进行防治的重要措施之一。1976年，全国生物防治面积达到5200多万亩，对促进农业的增产，起了积极的作用。

五、各有千秋话短长

随着科学的发展,人类同害虫的斗争已进入了一个崭新的阶段。不仅用化学防治,而且还用物理防治、器械防治和生物防治等多种“武器”来跟害虫作战。

你也许会提出这样一个问题:化学防治不是比生物防治更好吗?

不。

化学防治虽然是消灭害虫的“常规武器”,有它的优点,但也有它的一些缺点。例如:成本比较高;能引起一些害虫产生抗药性,降低药剂效果;化学农药往往“不分敌我”,既消灭了害虫,也消灭了害虫的天敌,导致次要害虫上升为主要害虫;有些药剂污染环境,稍不注意还会引起人畜中毒。

生物防治的广泛应用,较好地解决了这个矛盾。

生物防治法的优点是:成本低;能收到较长期抑制害虫的效果;培养方法简单,所用害虫的天敌,可在农村就地培养,易于推广。

亲爱的青少年读者:大自然是一座绚丽多彩的知识宫殿,里面珍藏着数不尽的科学瑰宝。现在,让我们一起把这座宫殿的大门打开,走进去,观赏各种生物之间的精湛表演,来探索它的无穷奥秘吧!

除害灭虫的天兵天将

自由翱翔在蓝天之下的鸟类，大都是以害虫、害兽等为食。这些眼明嘴快的天兵天将，具有惊人的除害灭虫的能力……

一、黄昏后的战斗

给猫头鹰翻案

面形像猫，身子像鸟；

白天睡大觉，夜晚逞英豪。

请你猜猜看，这个谜语指的是一种什么动物？

“猫头鹰！”你一定会毫不犹豫地回答。

一提起猫头鹰，多数人对它没有好感。特别是具有迷信思想的人，总认为它能嫁祸于人，是“不祥之鸟”。

其实，这纯属冤枉。

谁都知道，猫是鼠的对头冤家。而猫头鹰的捕鼠本领，比猫还要高超。

有人曾做过有趣的实验。

晚上，把几只猫关进一个多鼠的地窖里。早晨，把门打开以后，饱受惊吓的猫儿,全都从地窖里冲了出来。第二天晚上,再次把它们锁在地窖里。结果,又跟上一次完全一样。后来,把猫头鹰关进去。早晨,地窖里竟躺着几只无头的老鼠。整整三个星期,猫头鹰都在地窖里捕捉老鼠。后来,老鼠越来越少,猫头鹰眼看要闹“粮荒”了,才不得不把它放出来。

在为农业除害的鸟族部队中,猫头鹰不但模样奇特,习性也“与众不同”。

白天,当别的鸟儿活跃在果园和农田里,积极捕食害虫的时候,它却静悄悄地隐居在树林深处,神态安详地站在树枝上,养精蓄锐。等到夕阳西下,天色转黑,这些捕鼠“健将”才展翅高飞,到田野里进行捕鼠的“夜战”。它们捕捉了一只只田鼠,给自己筹办着丰盛的“夜餐”。

你也许要问,猫头鹰的活动时间为什么不在白天,而偏偏在夜晚呢?

夜行的“猎装”

原来,猫头鹰有一身奇特的“猎装”,帮助它在夜间出色地执行任务。

瞧吧,它那由羽毛编织成的大耳廓,加强了它收集细微声音的能力;它那一身黑色羽毛,以及飞起来没有声响的翅膀,使田鼠在夜间不容易发现它的行踪;再加上那双在夜间大似铜铃,能明察秋毫的眼睛,两只锋利灵活的利爪和镰刀似的嘴巴,田鼠就休想逃命了。

有趣的是,猫头鹰的眼睛在夜晚又大又亮,在白天却看不清东西,几乎成了“睁眼瞎子”。

这是为什么呢?

原来,在一般动物的眼睛里,有能使瞳孔放大的肌肉,叫瞳孔扩大肌,也有能缩小瞳孔的肌肉,叫瞳孔括约肌。可是在猫头鹰的眼睛里,只有能使瞳孔略微放大的肌肉,没有能缩小瞳孔的肌肉。因此,它的眼睛始终张得很大。

白天,它眼睛里的“感光物质”因强烈曝光而使视觉模糊。这就像一架在白天老是大开着光圈的照相机,底片上的银盐因全部曝光而拍不出照片。我们在生活中也有这样的经验:从暗处骤然跑到明亮的地方,觉得光芒耀眼，看不清东西，这是因为在暗处时，人的瞳孔放大了，突然射入很多光线，反倒看不清了。当然，人的瞳孔在光线转强的时候，可以很快地缩小，这种感觉只是短暂的。

猫头鹰的眼睛里，含有一种比其他动物多得多的特殊感光细胞——圆柱细胞。到了晚上，在微弱的光线刺激下，能使一种非常灵敏的感光物质“视紫红质”感光，所以，在伸手不见五指的黑夜，也能看得清周围的东西。

猫头鹰在对付狡诈的田鼠的战斗中，练就了一身急速轻巧的飞行本领。哪怕是刮风或微雨的天气，猫头鹰仍坚持按时“出勤”。它的头部可以自由旋转270°，它能根据听到的“沙、沙”声，准确地判断出几十米以外田鼠奔窜的地方。因此，当它勇猛地扑上前去时，几乎从不“空手而回”。有的猫头鹰即使在饱食以后，看到田鼠仍追捕不放，宁可杀死扔弃，也绝不让它逃脱。

捕鼠能手

田鼠嘴馋，见到庄稼就肆无忌惮地糟蹋起来。它们祖祖辈辈都在农田里“安居乐业”，偷吃花生、大豆、玉米、高粱、谷子和水稻，使农业生产遭受很大损失。

东方田鼠，可以把一根比它身体还重的胡萝卜轻轻地拖回洞里去。

黑线姬鼠，能够爬到豆棵的顶端摘吃豆荚，还能像运动员跨高栏一样，跳越一两尺高的障碍物。潜水游泳更是它的“拿手好戏”。

搬仓鼠更是贪多无厌，一边吃一边还要连偷带摸，把粮食储藏起来，准备过冬。它的洞穴里有四通八达的隧道，还有许许多多“仓库”。每个“仓库”储藏一种粮食，安排得井井有条。有人曾经挖过搬仓鼠的洞穴，一次就挖出四五十斤粮食！

不过，在田野里，有了猫头鹰这样一支善于夜战的部队，田鼠也就休想过它的安乐日子了。

看吧，在月光皎洁的夜晚，周围静得一点声息也没有。一只只猫头鹰

从深山密林中飞出来，落在田头路边的树枝上、电线杆上，目光炯炯地俯视着前方稻田里一只只贼头贼脑、正在偷吃庄稼的田鼠，于是，一场紧张的战斗开始了……

正当田鼠得意忘形之时，只见一只猫头鹰疾飞而起，一个大滑翔，再一个鹞子翻身，斜刺俯冲下来，锋利的左爪刺进了田鼠的臀部，田鼠"吱，吱"地惨叫着，企图回头顽抗。不料，猫头鹰右爪又刺进了它的头部，把田鼠的身体扭成一个"元宝"。并用它那尖利的嘴，狠狠地啄进了田鼠的头部，田鼠的小脑被破坏了，一切反抗都落空了。紧接着，猫头鹰又把它提着飞回树枝上。它撕开田鼠的颈部喝血，吞吃鼠头，掏空肚肠，最后连毛带骨全部吞下去了，前后只不过几分钟时间，真可以称得上是武艺高超，速战速决。

直到东方发白，一只只猫头鹰才带着几分倦意，拍着宽大的翅膀飞回树林里，停在树枝上休息。

你别看猫头鹰吃得粗鲁，消化时却非常讲究。原来，它有一个特殊的胃囊，当它白天停在树枝上休息的时候，还能把那些不易消化的毛和骨，再一团团地吐出来呢。

一只猫头鹰每夜能捕食两三只田鼠，一年就能捕食1000多只，此外，还要吃掉许多蝗虫和金龟子等害虫。这样，一只猫头鹰一年就能为我们减少1000多千克粮食的损失！

高高"瞭望台"

猫头鹰是捕鼠队伍中值"夜班"的战士。此外，还有一些鸟族成员如老鹰、草原雕、红隼等，是田园中白天"巡逻"的哨兵。

科学工作者把上面这些鸟类，通称作猛禽。

能不能设法把它们招引到农田里来，更好地替我们除害呢？

完全可以。

猛禽喜欢站在电线杆上和树枝上，居高临下，侦察追捕猎物。根据它们这种习惯，应当在农田为猛禽设置高高的"瞭望台"。

“瞭望台”可用三四米长的竿子,顶端装一根一尺长的横木做成。每十亩农田里,设置两三根就够了。

人们曾经作过这样一个统计:在一块15亩的农田里,没有立竿子以前,有111个洞居住着田鼠;立竿以后,仅仅5个月的时间里,只剩下9个洞有田鼠,而这些“残敌”也面临着灭顶之灾,惶惶不可终日。

二、空中追击

春天的使者

双燕今朝至,何时发海滨?
窥人向檐语,如道故乡春。

燕子和桃花、杨柳结下了不解之缘。阳春三月,每当杨柳披上翠绿的新装,桃花绽放红英的时候,燕子就长途跋涉,横渡重洋,飞来我国,给春天增加了无限风光。

燕子,是出名的报春使者。

燕子的种类很多,有家燕、金腰燕、雨燕,石燕和沙燕等。最常见的是家燕。

家燕是一种候鸟。它不但春来秋去,而且多能返回故居,重入旧巢。据动物学家统计:老燕回旧巢率为47.1%,头年幼燕回巢率为16%。正如汉代《乐府》里所说:翩翩堂前燕,冬藏夏来见。所以,每当人们见到燕子飞来,都有一种“似曾相识”的亲切感觉。

那么,到底燕子春来何处,秋去何方呢?

原来,燕子分布很广,在越冬时期,它们不仅遍及东南亚,而且远达澳洲北部。春来渐次北返,二月初到达广东,三月中达长江下游,四月初达黄河流域，再往北就更迟了。

燕子有一对狭长的翅膀，尾巴分叉，好似一把剪刀，身材小巧玲珑，便于疾速飞行。据研究，它每秒钟约能飞行98米，这样的速度在鸟类中也是少有的。

燕子的嘴，称得起是天然的“捕虫网”。瞧吧，它又扁又宽，呈三角形，张开以后，就变成平行四边形了。由于嘴张开以后面积很大，所以，当燕子在空中疾飞的时候，迎面而来的昆虫，就会大量落入它的口中，真可谓“自投罗网”。

有人曾抓住育雏期的雨燕观察，它又阔又长的嘴里，竟然装有370只小虫子。

燕子的“食谱”，花样繁多。除蚊、蝇外，盲椿象、金龟子、蚜虫等农业害虫，都是它们爱吃的“山珍海味”。

“微雨燕双飞”，每当微雨或雨后初晴，无数只燕子，群集在蓝色的天幕下，往来逡巡，展翅翱翔，显得特别活跃。

难道燕子是在游览风光吗？不，这是在忙着搜捕食物。它们不仅要吃饱自己的肚子，还要带食回巢，去喂养可爱的小宝宝呢。

“母瘦雏渐肥”

在我国，从五月开始，燕子就要生儿养女了。

燕子，真称得起鸟类中的“土木建筑师”。它们选用田里翻起的下层黏土，或者蚯蚓排泄出来的泥丸做建筑材料。每一粒泥丸都掺入了它们自己的唾液，中间加上一些草屑、毛发，然后再一块块粘筑在人们的房梁上或屋檐下。筑成的窝，有的如一把曲颈壶，也有的像半个茶碗，显示着独特的造型艺术。

燕子还为未来的子女，准备了舒适的“摇篮”。它们采集了松软的羽毛和细草，垫在窝里，然后，母燕才产下四五个卵。大约孵化半个月左右，小燕子就出世了。

刚刚出生的小燕子，裸着身体，闭着眼睛，一天到晚总是张着嘴讨食吃。这时候，小夫妻俩确实非常忙碌。据观察，每一对亲鸟1小时至少喂雏15次，一天要喂雏180次左右。可见，要把雏鸟抚养长大，燕子是要耗费很多心血的。正如古代诗人所说：

须臾千来往，犹恐巢中饥；
辛勤三十日，母瘦雏渐肥。

燕子一般每年育雏两次，从八月开始，它们就要扶老携幼向南迁徙了。

燕子的迁徙，是一种非常艰难的行程。

迁徙时，往往几万成群，每天飞行140~220公里。它们在海上飞行时，多取道岛屿连绵的路线，以便途中休息。在陆上飞行时，也是飞一阵儿，休息一阵儿；当它们飞渡浩渺的南太平洋海面时，情况就更加艰险，常常要忍受饥饿，甚至几天不得饮食，勉力渡过。而当年雏鸟由于体力不强，大部分就在途中夭亡了。

保护燕子

燕子是亲近人们的鸟类。听那清脆的燕语“吉古、吉古住！吉古、吉古住！……”仿佛是在向人们诉说：“不借你们的盐，不借你们的醋，只借你们的屋，让我们来住住！”

过去，我国民间普遍存在着这样一种思想，认为“燕子来巢，吉祥之兆。”

当然，燕子并不能预兆什么吉祥，但它确实能以自己的辛勤劳动，给人们带来莫大的好处。

每年，从燕子飞来到飞去这一段时间，正是庄稼和果树上的害虫生长、繁殖最重要的季节。据研究，一只燕子一天吃的虫子至少在1000只以上。从三月到九月，总共要吞食50万~100万只害虫。假若把这些害虫排成一条直线，它的长度几乎可以达到1公里。

三、湖滨的“游客”

长翅膀的敌人

有一位作家，曾经这样描述过他跟蝗虫的一次“会晤”情况：

“……刹那间，天空变得阴暗起来了。但是，天空没有丝毫乌云。有一片蓝灰色的帷幕在移动着，它们闪出钢铁般的光泽，不断地发出‘沙啦、沙啦’的声响。这种令人愁闷的沙沙声充满了半个天空……”

作家接着又写道：

“所有的居民，包括老年人和儿童在内，都向田野跑去。他们拿出一切可以发出声响的家具，站在田野上敲打着。他们甩动着锣锤，用力地敲打着铜锣，企图吓退自天而降的灾难。可是，震耳欲聋的轰轰声，使他们自己和他们的家畜和家禽比那不速之客还要更加惊骇一些……农民的希望落了空，这万头群集的飞贼从远方赶来，已经感到疲倦，想休息了，然而，又不打算空着肚子离开主人的餐桌……”

蝗虫，是一种危害极严重的害虫。这种长着翅膀的敌人，能在几小时之内，毁灭掉人们辛勤劳动的果实。

我国明朝的一位诗人，就曾经描述过当时蝗虫灾害造成的悲惨情景：

> 飞蝗蔽空日无色，野老田中泪垂血；
> 牵衣顿足捕不能，大叶全空小叶折。

历史上飞蝗大发生的时候，常常毁灭掉大片庄稼，造成饥荒；1941 年，河北省闹飞蝗，黄骅县周青庄一个 200 多户的村子里，就饿死了 130 多人。

解放后，国家动员了千千万万人来跟蝗虫作战，基本上消灭了蝗虫的危害。但是，我们仍然不能麻痹，只要我们松懈一下，这种飞贼就会“卷土重来”。

我们的鸟族朋友，在限制蝗虫的大发生上，也助了我们一臂之力。

灭蝗专家

中国科学院的鸟类科学工作者，曾在我国历史上的蝗灾区微山湖一带做过调查，发现了18种捕食蝗虫的鸟，最有功绩的当首推燕鸻。

初夏，在微山湖一带，常常有大群的鸟儿唱着“刺儿——刺儿——”的歌儿，愉快地从蓝色的天幕下飞过。

这就是燕鸻。

燕鸻，每年初夏由南迁来我国沿海、湖滨一带生儿育女。直到秋末，才携儿带女开始南迁，回到它们的故乡去。

这些“游客”，生着像燕子一样短而宽的嘴，还有狭长的翅和镰刀似的尾。然而，它落地捕食的姿态又像一般的鸻类，所以人们给它取名为“燕鸻”。

燕鸻，是名副其实的灭蝗专家。

你看，它飞着飞着，突然像用线拴在空中似的，一动也不动地盯着地面。旋即，猛扑下来，在蝗虫群里“大吃大喝”。

有时候，它们不是捉到蝗虫就吃，而是叼在嘴里，急急忙忙地飞回家去。

原来，它们已经成为爸爸、妈妈了，家里有三四个孩子在等着要吃的呢！

以蝗为粮

燕鸻在筑巢的技术上，比起“建筑工程师”——燕子来，可大为逊色了。它不像燕子那样巧于用泥丸在屋檐下筑巢，而只能把卵产在天然的土坑里。因此，人们送给它一个绰号——土燕子。

在高粱地里，我们常常可以发现它们的卵。这卵是青灰色的，带有黑色的斑点。碰巧也能看到刚刚孵出的雏鸟。雏鸟全身披着金黄色的绒毛，在窝的附近蹒跚地走着，等待着父母来喂食。

人们曾进行过喂养燕鸻的实验。发现一只雏鸟平均每天吃30克（约

90只）蝗虫，按一窝四只雏鸟加上亲鸟一并计算，它们每天吃掉的蝗虫的总量约达180克（约540只）。依此推算，一窝燕鸻一个月吃的蝗虫，能达到5400克（约16200只）。

由此，不难想象，所有的燕鸻消灭的蝗虫，数目是何等惊人了。

燕鸻是我们的朋友，我们应当保护它！

四、毛虫的劲敌

“布谷处处催春耕”

每当春末夏初的时候，在我国许多地方，都可以听到杜鹃的歌声。那歌声很像“布谷——布谷——”，所以人们又称它布谷鸟。唐朝大诗人杜甫的诗中就有“布谷处处催春耕”的佳句。

杜鹃的种类很多，在我国常见的有大杜鹃和四声杜鹃等。它们生性羞怯，常常躲在树林的深处，所以人们不容易看到它。在树林里，杜鹃从早到晚，蹦蹦跳跳，到处搜索毛虫。树林里的毛虫，是一般鸟所不喜欢吃的，然而，它却是杜鹃的佳肴。

当树林里的杜鹃多起来的时候，它们每天要吃掉成千上万的毛虫。可是，杜鹃一飞走，毛虫便开始过起逍遥自在的日子，大量地繁殖起来。

有时，树林里的树木开始凋枯，就是因为毛虫繁殖得太多的缘故。在这里，它们把树叶当作“点心”，贪婪地满足着自己的食欲。

树林里有了杜鹃，毛虫就不能为所欲为了。

有人曾观察过杜鹃的“工作”情况，发现一只杜鹃在一小时内，能捕食100多条毛虫。除此之外，杜鹃还吃其他危害农林的害虫。

杜鹃的故乡是在印度、南洋一带。在我国旅居的时间内，一对“夫妻”能生育20多个子女。

筑巢和育雏是鸟类的通性。然而，杜鹃完全例外，它既不筑巢，又不养育自己的子女。

奇怪，小杜鹃是怎样长大的呢？

且慢，这得从头讲起。

不管儿女事

原来，杜鹃是把别的鸟巢作为自己的“产房”，并由这些鸟给它的子女充当义务“奶娘”。

黄莺、鹎、灰喜鹊等鸟类，就常常充当杜鹃的义务“奶娘”。

瞧吧，当杜鹃发现了合适的鸟巢以后，就经常在这个鸟巢的附近活动。它藏在青枝绿叶的深处，悄悄地观察着周围，并作着产卵的准备。等到巢里的老鸟飞出时，它就迅速地飞进去，把巢里原有的鸟卵衔一个在口里，生下了自己的一个卵。这些动作都很敏捷，用不了一分钟就全部结束了。然后，又很快地把偷换的卵带着飞走了，作为食物吞进肚里。

这样，别的鸟在孵卵时，也就把杜鹃的卵一起孵了。只要13天左右，小杜鹃就出世了。这时，它的羽毛还没有长好，裸着身体，闭着眼睛，完全靠“奶娘”喂养长大。

可是，小杜鹃问世不久，就利用它那较大的身体，本能地去排挤同巢中的雏鸟和鸟卵。

小杜鹃是怎样进行这种勾当的呢？

首先，它静静地待在巢的一边，作着轻微的准备活动。把别的鸟卵弄到自己的背中央，接着，就猛然竖直身体，把鸟卵掀到巢外去。如果同巢中已有了别的雏鸟，它就会挤到这个雏鸟的身下，然后挺直两只脚，把那雏鸟背到身上，慢慢地挨到巢边，不住地振动着小翅膀，终于把这只雏鸟掀出巢外。

可怜那位“忠厚”的“奶娘”，只知飞进飞出，忙着给小杜鹃喂食，却始终没有发觉这个外来的“野孩子”在干着残害它的亲生子女的勾当！

小杜鹃生长很快，只要十几天羽毛便丰满了。这时，身体比它的“奶娘”还要大些。再过几天，它就会飞了。

可是，由“奶娘”喂养大的小杜鹃，不久就被在这附近活动的老杜鹃——它的亲生娘引走了。到八月里，它们就开始返回故乡去越冬。

杜鹃虽然有这样不好的育雏习性，但是，请不要忘记，它是农林益鸟。

鸟类科学工作者曾经这样说过：杜鹃的更大价值，就在于它们甚至在营巢期，也不必去照顾雏鸟，能集中在害虫大量繁殖的地方，捕食害虫。

根据有关材料记载，在欧洲，当一片栎树林遭到大批有毒蚕蛾袭击的时候，仅仅在一个星期之内，杜鹃就制服了它们。

鸟族“新村”

据研究，我国的1100多种鸟中，大部分是在树林里栖居和繁殖的。

这些生活在树林里的“居民”，有的在高树上建造房屋；有的则住在大树底下；还有的栖居在灌木丛里。而且，住在灌木丛里的鸟非常多，你要想看到它们是很不容易的。可是，在整个树林里，你到处可以听到它们声调婉转的啼鸣。

在鸟族成员中，有些鸟虽然将巢建造在树林里，却喜欢飞到附近农田里取食。红脚隼、白翅浮鸥、戴胜、夜莺、三宝鸟、鹡鸰、山雀等，都是消灭农作物害虫的能手。

然而，某些非常需要益鸟帮助除害的农田，附近却没有益鸟居住的“村庄”，所以，益鸟也就难得到那里去。

在长期的生产实践中，广大农民积累了招引益鸟的丰富经验。他们根据益鸟的习性，在农田周围栽起防护林，也就是在广阔的田野上，给益鸟建造“新村”。等到这个“新村”里拥有成千上万的“居民”时，农田里的作物就再也不会受害虫的蹂躏了。

五、林中的“外科医生”

攀树的本领

提起啄木鸟，有谁不知道；

每天一清早，总在树上敲。

发现啄木鸟并不困难。只要听到哪儿的树木发出“笃——笃——笃”的声响，那儿就准有啄木鸟在捉虫吃。但要想仔细观察，就应特别小心。因为它们很机警，一发现人，就会马上躲起来。

啄木鸟不像别的鸟儿那样站在树枝上，而是攀援在直立的树干上。

原来，它的四个脚趾，两个向前，两个向后，趾尖上有锐利的钩爪。这样，它可以有力地抓住树干，并能在树干上跳动。它又有一副刚硬而富有弹性的尾羽，撑在身子的下面作为攀援的支点。有了这套装备，啄木鸟就适应了树栖生活。

蠹虫的幼虫是树木的大敌，它们一向寄生在树皮下部的内层组织里。天牛和它的幼虫，专门钻进木质部，以咬食木质为生。要用化学药剂来消灭它们是很困难的。啄木鸟却能把这种深藏的害虫掏出来，为树木消除隐患。

绝妙的“手术”

每天清晨，树林里就传来了“笃——笃——笃”的声响，好像让大家知道，林中“医生”已经开始“门诊”了。

我们这位可爱的“医生”，也的确有一套“外科手术器械”哩！

它的嘴直而坚固，好像一把凿子。舌的形状又细又长，尖端生着不少逆钩，表面还附有黏性的唾液，舌根生有两根能伸缩的筋，好像一把自动的钳子。有了这样一套“器械”，就可以给大树“开刀”了。

它们每天在树林里，“挨家挨户”地巡诊。当它选中一棵树，就攀在树干基部，一面旋转着向树顶攀登。一面不停地用嘴啄木，给树木作一次“全身检查”。

经过精心地“诊断”，一旦发现树皮下面有害虫，就立即施行“手术”。首先，集中患处加紧啄凿，然后伸出带有逆钩的舌头，深深地插到树皮中去，搜索躲在里面的虫儿，把它们一个个地串在舌尖上，对于那些小的虫和卵，就用舌头上分泌的黏液把它们带出来，然后，美美地饱餐一顿。

最喜爱的“口味”

啄木鸟的“伙食”很丰富，但其中最合它们“口味”的，是树皮下边潜藏着的又肥又大的天牛幼虫和蠹虫幼虫等，而树木经常被这些坏家伙活生生地咬死。只有啄木鸟这位“外科医生”，才能巧妙地把它们从树皮下掏出来。尤其是冬季和早春，当外界能寻觅到的昆虫不多时，这些潜藏在树皮下部的害虫的幼虫和蛹，就成为啄木鸟唯一搜索的目标了。

这位林中的“外科医生”，工作非常认真，不到整棵病树中都不再留有害虫，它是决不会随便转移到另一棵树上去的。

据调查，我国最大的一种啄木鸟——黑啄木鸟，每天能吃掉1400多个蠹虫的幼虫。通过解剖，曾在一只黑啄木鸟的胃里，找到了几百个蠹虫的幼虫。在另一只黑啄木鸟的胃里，曾找出各种害虫幼虫650多个。终年生活在桦树林里的白背啄木鸟，最爱寻食桦树皮下潜藏的蠹虫幼虫。通过解剖发现，一只白背啄木鸟的胃里，经常保留着蠹虫幼虫190多只以上。在它们养育子女的季节里，消灭的害虫就更多了。

林区传佳音

实践出真知，林区传佳音。

山东省泰安林科所和平邑县浚河林场协作，曾进行了“以鸟治虫”的实验。

整整三个冬季,他们都成功地招引了啄木鸟,使它们在树林里“安家落户”。从而基本上控制了光肩星天牛等几种害虫的危害。

他们的成果表明:在1000多亩加杨林内,只要居住两对啄木鸟,光肩星天牛就能由原来100棵树平均80个幼虫降到0.8个。由于啄木鸟在林中居住下来,光肩星天牛的数量在继续减少。

柳树林内发生了吉丁虫危害,也可以把啄木鸟这位“外科医生”请去帮忙。仅仅经过一个冬季,越冬幼虫就被啄食掉97%~98.7%,从而把吉丁虫消灭在初生阶段。柳瘿虫在柳干皮下危害,使树干发育成畸形瘤瘿。对于啄木鸟这位有名的“外科医生”来说,剖开瘤瘿,吃掉群集的越冬幼虫,真是手拿把攥的绝技。

啄木鸟对林区的贡献,还可以从下面一个有趣的事例得到证明。

在平邑县东阳店子村的无虫林内,曾挂上被天牛危害的树段22块做实验。经过一个冬季,树段内136个幼虫,被啄木鸟吃掉117个,占86%。由此可见,无虫林区的形成,啄木鸟起着重要作用。

人工招引

在了解人们如何想方设法把啄木鸟招引到林区里“安家落户”之前,我们还是先来熟悉一下啄木鸟的繁殖习性吧。

据统计,一对斑啄木鸟,它们营巢、繁殖和啄食活动的区域差不多有500亩,人们通常把这个区域叫作鸟的“巢区”。在巢区内,一对啄木鸟要凿几个树洞,这些洞都是凿在心腐树干上的。平时雌鸟和雄鸟分居,到繁殖季节再选定一个巢洞产卵育雏,并且每年要换新洞。啄木鸟在每年五月产卵,一窝产卵4~5个,孵化期10天,雏鸟30天左右就长大了。

啄木鸟一年只繁殖一次。

在育雏期里,成鸟一天要喂雏鸟25次以上,在喂雏的害虫中,天牛幼虫约占58.8%。

在一般阔叶林的幼林和中龄林，由于树干害虫主要危害主干，破坏性最大；而这样的林木又不适于啄木鸟凿洞居住，该怎么办呢?

人们在掌握了啄木鸟的繁殖规律以后，积极开展了人工招引的活动。

现在我们就来谈谈平邑县浚河林场的做法。

招引的方法是挂招引木。

招引木是用失去用材价值的心腐木做成的。木段长约60厘米，直径约20厘米，顶端加一木板覆盖，防止雨水渗入巢内。没有心腐木，可用一般的木段，如杨、柳木等，但要劈开挖空，空心长25厘米左右，内径10厘米左右，不凿洞口，将凿掉的碎木块回填到空心内，再严密捆紧。

每年七八月份后，啄木鸟就开始选择营巢地点，以备来年生儿育女。因此，秋季挂招引木最好，初冬也行。由于啄木鸟有一种特殊习性，即一对啄木鸟要凿3个以上的树洞，所以大约每500亩林地就要挂招引木3～5个，以挂在树干的北面最好，高度一般可在5米左右。

你看，大自然的奥秘一旦被人们揭示出来，就可以利用它，更好地为人类服务。

六、乔迁新居

亲密的“战友”

有趣的是，在灭虫的战斗中，啄木鸟与大山雀结成了亲密的“战友”。

大山雀喜欢飞到啄木鸟那儿去做客，在地上寻觅啄木鸟啄落的虫子吃。

啄木鸟在病树上，东敲敲，西啄啄，一会儿抬起头来，愉快地叫一声，好像高兴地喊：“有了！”于是，它就用凿子似的嘴啄开树皮，把带钩的舌伸进去，掏出一条又肥又大的虫子，甩落在树底下。

大山雀欢欢喜喜地叼起啄木鸟甩落的虫子，正准备飞回家去，忽然发

现一只老鹰在空中盘旋。这个强盗一定在打啄木鸟的坏主意哩，大山雀急忙“吱吱嘿嘿——吱吱嘿嘿——”地叫起来。好像在说：小心，小心，老鹰来了！

大山雀的“话”还没有说完，老鹰已经向啄木鸟直扑下来。大山雀吓得急忙闭上了眼睛。等到它睁开眼睛时，真怪，老鹰扑了个空，悻悻地飞走了。原来，啄木鸟听见大山雀发出的“警报”，灵活地转了个身，转到树干的另一边去了。

这样看来，啄木鸟和大山雀还是“生死之交”呢！

是的，啄木鸟由于专心敲啄树木，把全部精力都用在对病树的“诊断”和“手术”上，因而，很容易被老鹰偷袭。而机灵的大山雀一发现老鹰，就立即给啄木鸟发出信号，让它赶紧躲避。这样，老鹰就只好空着嘴飞走了。

前面谈到，啄木鸟有个怪脾气，巢穴只用一年，第二年又一连凿几个，然后选最满意的使用。大山雀爱住树洞，但又不会凿，于是，利用啄木鸟的废穴作巢育雏，对它来说是再方便不过了。

果园的捍卫者

大山雀不但能跟啄木鸟“联合作战”，而且也能“单枪匹马”地向那些危害果树的害虫“宣战”。

大山雀的身材比麻雀还小，行动敏捷而活泼，常常攀附或者悬在树枝上搜索害虫，好像表演杂技一样。

大山雀取食广泛，那些危害果树的害虫，如梨实象鼻虫、青刺蛾幼虫、梨星毛虫、桃小食心虫等，都是大山雀爱吃的。这些害虫，有的钻在果实里，有的躲在卷叶里。人工挖取和喷洒农药都很难收效。而大山雀却能准确地把它们一一搜捕出来。

大山雀身材虽小，食量却很大。一只大山雀一昼夜所吃食物的总重量，几乎等于它自己的体重。

大山雀在育雏期间，每天要往返送食 100 次以上。如果每次以 3 只虫计算，再加上亲鸟自己所吃的，这样，每对大山雀在育雏期间，每天所消灭的害虫当在 300 ~ 500 只之间。大山雀育雏 16 天，那么，每窝大山雀从育出到起飞，所吃的害虫约有 6000 多只。

在有经验的果农心目中，果园里的益鸟和果树几乎同样重要。他们对啄木鸟、大山雀等益鸟总是严加保护，利用它们来消灭害虫，捍卫果园。当春天来到时，往往用“人工巢箱”把它们招引到果园里，让果园驻扎一支鸟族部队。因而，在那繁枝密叶间，就经常充满了这些鸟族“音乐家”的歌声，歌声是那样的美妙动听，给大自然增添了无比的魅力。

乔迁之喜

我们人要在某一个地方住下，首先得有房子，大山雀也是这样。

大山雀是在树洞里筑巢的。

可是在果园里，所有的果树都是年轻的，健壮的，在那儿找不到有洞的树。

那么，怎样替大山雀准备住宅呢？难道能去损坏那些健壮的果树吗？

不能。而且也没有必要。

果农想出了一条妙计：用木板给大山雀钉制一座座的小房子。这种小房子是方形的，好像邮局里寄信用的邮箱，叫作“人工巢箱”。

从 1954 年开始，河北省昌黎果区、南京市中山陵林区、辽宁省本溪草河口试验林场等地的工人和农民，就进行了在果园和树林里招引大山雀“安家落户”的实验，并且获得了满意的结果。

瞧吧！夏天到了，果树上挂满了绿色的果实。常在果园里捉虫吃的大山雀，也一天比一天忙起来。因为母山雀快要生孩子了，它们得赶快寻找一间新“房子”。

一只公山雀飞来了，它看了一下人们在树上给它准备好的“别墅”，既可以避风雨，又充满阳光，一眼就看中了。

公山雀高高兴兴地飞上了果树的枝头，扑棱、扑棱翅膀，扭回头啄啄羽

毛,然后伸长脖子“吱吱嘿——吱吱嘿——”地叫起来,像是在召唤它的妻子:

“亲爱的,快来吧,这里有座好房子!”

母山雀也快活地飞来了。于是,它们便在这新房里定居下来。

小两口一次又一次地飞到小溪边,衔来一些松软的细草和羊毛,小心地铺在新房里,为未来的小宝宝,做成了一个舒适的“摇篮”。几天后,母山雀一连生了6个蛋。从此它就整天趴在窝里孵蛋,哪儿也不去了。

母山雀孵蛋的时候,公山雀忙得连歌也不唱了。它从早到晚,一刻也不停地在果园里捉虫,为妻子准备着对口味的食品。

这时候,做父母的只巴望着一件事:可爱的小东西,快快地出世吧!

高兴的日子终于来了。6个满身披着金黄色羽毛的小宝宝,啄破蛋壳出来了!为了让孩子们快快长大,大山雀夫妇终日忙碌,捉的虫子更多了。这样,它们以自己出色的工作,报答了那些替它们建造“别墅”的人们。

你可能会想,要是能让所有的鸟类,都服从我们的调遣,那该多好啊!

这问题想得有意思。

科学发展的道路总是曲折的,揭开一个科学之谜也不是一帆风顺的。要使所有的农林益鸟都服从我们的指挥,当然还得进行艰辛的探索。但是,我们可以预料,在不久的将来,人们把鸟类世界的更多奥秘揭开之后,指向哪里,鸟儿就会飞向哪里,去忠实地执行人们交付的任务。

七、鸟族特种部队

宝贵的启示

人们对客观事物的认识,往往是从一些有趣的现象入手的。

利用灰喜鹊建立一支听凭人们任意调遣的“特种部队”,正好说明这个问题。

原来，圣水坊林场院内，有8棵银杏树，最大的一棵胸围两米多，高25米。在这8棵银杏树上，有93窝灰喜鹊，加上附近其他树上的共有160多窝，有成鸟300多只。

这些鸟儿长年都居住在这里，生活、繁衍，儿孙成群，一年四季以场为家，以林为伴，每天早出晚归，在林中寻食各种害虫。

在这300多只鸟儿活动的范围内，共有各种树木3000余亩，从未发生过虫灾。林木青枝绿叶，生长繁茂。

令人意想不到的事情发生了。1976年，由于在林场附近修建水库，打石放炮，把这群灰喜鹊吓跑，转移到其他地方。事隔3年，林木虫害发生，大片林木的树叶被吃光，300亩松林几乎变成一片枯黄。

然而，令人惊喜的是，灰喜鹊非常眷恋故土，待水库修好后，它们又扶老携幼，悄悄飞回林场定居。

结果不用说你也能想到：大片阔叶林重新恢复了生机，曾一度枯黄的松林，又渐渐地呈现一片新绿。

于是，多年林木虫害发生的变化，提高了林场职工和周围广大群众的认识，使他们确实感到，灰喜鹊不愧为森林的“御林军”，人类的亲密朋友。

巧妙的训练

能不能把益鸟加以驯化，让其服从人们的需要，哪里需要就飞向哪里，集中力量对害虫进行一场歼灭战呢？当然可以。

下面的场面，说出来你可能感到惊奇。然而，这毕竟是确切的事实：在1984年，天安门前庆祝国庆35周年的游行队伍里，伴着《在希望的田野上》的欢快乐曲，一辆搭满了松树枝的彩车徐徐向前行驶，一群鸟雀绕着汽车飞旋。车上有两位姑娘指挥着它们的行动，一声哨响，鸟儿即刻飞回车上。这群鸟就是灰喜鹊，是特意从安徽定远县运来参加国庆盛典的。

你看，灰喜鹊能被人工驯化，是千真万确的事吧！

在没有谈人们如何训练灰喜鹊之前，先让我们近距离认识一下它吧。

灰喜鹊是喜鹊和乌鸦的近亲，动物分类学中属于鸟纲的鸦科。有许多别名：山喜鹊、喳喳子、长尾巴郎等。它是留鸟，一年四季安居树林，主要分布在我国长江以北的华东、华北以及东北的平原及山区地带。

灰喜鹊身姿和神韵恰似一首充满浪漫情调的抒情诗。体羽为美丽的银灰色，从背到腹由浅入深，尾部和翅膀的正羽艳丽苍蓝，末端有少量白色的羽毛，因此，又有“蓝膀鹊”的别名。头羽黑色具有光泽，且整齐，好似戴了一顶漂亮的黑礼帽。体长可达36厘米，显得大方、朴实，庄重而美丽。立在枝头昂首挺胸，宛如一位派头十足的美少年。别看它外貌文质彬彬，然而，在消灭害虫的激战中却是杀虫不眨眼的勇将猛士哩！

灰喜鹊的食性很杂。它能啄食30多种昆虫，不管是蝗虫、椿象、金龟甲、刺蛾、天蛾和松毛虫，不管这些害虫是大是小，有毒无毒统统都吃。尤其松毛虫是它的美味佳肴。

饲养和驯化灰喜鹊的工作，是非常有趣的。

在自然状态下，灰喜鹊每年五月上旬，在林中营巢产卵。每巢产下6粒卵，孵化15～16天雏鸟出壳。待到雏鸟发育到15天左右，体重达到50克时，即为驯化的最佳时期。

从灰喜鹊天然的巢中取雏鸟，把它们放入特制的大竹笼中。

人工喂养的主要食物，是从林中采集的灰喜鹊平日喜食的各种害虫。因为将来训练它们主要是用来围剿松林中松毛虫，所以，在雏鸟饲喂过程中，应适当增加松毛虫的饲喂量。

灰喜鹊的雏鸟食量大得惊人。所以喂养工作相当繁重。每天喂15～16次，待发育到60天左右，雏鸟能自由择食，再改为每天饲喂10～12次。

因为人工饲养的目的，是为了让其将来长大后服从人们的指挥，集中力量打歼灭战。所以，在人工饲喂的过程中，应每次结合喂食对其进行驯化。

饲养员平时要多与雏鸟在一起，并要固定一套工作服，便于雏鸟辨认。每次喂食，事前都以哨音为令，手拿红白旗，引其飞来飞去。为了提高它们的捕食本领，有时可以将食料向空中抛撒，或将捉到的松毛虫等害虫放在松枝上,引诱它们前去啄食。

实践经验告诉人们:灰喜鹊有结群活动的习性,所以,应小群集体驯化饲养。每小群30只左右,饲养在一个大竹笼内。这样,既有利于将来便于人们指挥,又便于它们家族寻偶繁殖,更不致被野生灰喜鹊领走。

驯化过程中,由于每次喂食前都吹响哨音,然后再给食物。这样,多次哨、食结合以后,当哨音一响,虽然此时还未给食物,但灰喜鹊却能表现出捕食的反射活动,这种反射就是条件反射。本来,哨音与食物无关,是无条件刺激,但与给食多次结合后,哨音则确确实实成了灰喜鹊进食的"信号",也就是形成了条件刺激,于是,灰喜鹊听到哨音虽没吃到食物,也会出去捕食。

你看,功夫不负有心人,经过驯化的灰喜鹊,此时真正成了一支招之即来、来之能战的灭虫的特殊部队了。

需要指出的是,这支安居在竹笼内的特种部队,人们在竹笼给它配置了一个个育雏箱之后,它们还能在笼内恋爱、结婚、生儿育女,"人丁兴旺",不断壮大自己的家族哩!

战果辉煌

那么,人工驯养灰喜鹊,消灭害虫的效果又是如何呢?

请看下面的事实:山东省日照市林业局,继安徽定远县之后,也于1984年进行了人工驯养灰喜鹊防治松毛虫试验,并一举获得成功,引起国内外鸟类专家的高度重视。中央新闻电影制片厂和上海科教电影制片厂,先后在日照市拍摄了《灰喜鹊》、《巧调天兵》、《森林和我们》等影片。片中对灰喜鹊空中灭虫有非常生动的记录。

你看,林业技术人员把盛有18只灰喜鹊的一个个大竹笼,集中搬到松毛虫泛滥的松树林,笼门打开,小红旗一挥,两短一长的哨音一响,这一支支小部队便纷纷从竹笼内飞出,投入到林海之中,大打一场突击歼灭战。

傍晚,晚霞映红林梢,一只只灰喜鹊,经过一天的征战,"饭饱酒醉"。

这时，技术人员又挥动白旗，吹响两长一短的哨音，于是，从松林的各个角落，一只只灰喜鹊飞回来，各自回到自己的竹笼内，养精蓄锐，准备迎接第二天新的战斗。

要知道，松毛虫可谓松树的大敌，在温暖地区一年能生儿育女三四代，繁殖迅速，危害严重。遭受虫害的松林，很远就能听到咬食叶子的沙沙声，数天内可使偌大的林子寸叶不留，最后成片树木枯死。不过，有了灰喜鹊这支松林的“御林军”，松毛虫的安乐日子就一去不复返了。

在20天的放飞时间内，每个竹笼内的18只灰喜鹊，取食范围可达27亩松林，共取食成熟松毛虫幼虫8800多条，啄食茧蛹1760多个，除虫率过41.5%。

值得指出的是，放鸟治虫，不施农药，导致其他天敌逐渐增多，寄生蝇、蚂蚁、螳螂等益虫结伴而生。大山雀、杜鹃等灰喜鹊的亲朋好友也纷纷登门，一同进餐。这样，总除虫率就可达到67.9%。

据技术人员推算：经过驯化的灰喜鹊，每一只每年可消灭松毛虫1.5万条左右，能保护1亩松林。

日照市的成功经验，吸引了全国8个省市近万人次前来学习引鸟。当然，首先也促进了全市的驯鸟工作。全市已有灰喜鹊3万多只，林木生物防治面积达到5万多亩。

八、灭虫的“常备军”

灭蝗的急先锋

“春江水暖鸭先知。”在祖国各地，每当冰消雪化的时候，在池塘河溪里，便有成群的鸭子，在追逐着碧波，欢乐地竞游，带来了春天的早讯。

鸭子，是在水中捕捞鱼虾的能手。然而，不知你是否注意过，鸭子有时候也喜欢在岸边草丛里寻觅蝗虫等农业害虫充饥。

早在我国元朝，王桢著的《农书》中就有这样的记载："蝻未能飞时，鸭能食之，如置鸭数百于田中，顷刻可尽。"可见，放鸭除虫，是我国劳动人民自古以来在实践中的一种创造。

1954年，在当年铁道游击队活动的微山湖畔，人们把上万只鸭子赶到农田里，结果，把25000亩土地上的秋蝗吃光了。

如果你能亲眼看到这个场面，一定会感到十分有趣。在那儿，人们把鸭子编成三五十只一群的小分队。鸭子们非常活跃，它们像是有一股犟脾气，如果不把一个地方的蝗蝻吃光，决不迁移到另一个地方去。

鸭子非常贪食，吃到后来，不仅在它的胃里，而且在整个食管里，都塞满了蝗蝻。据实地观察计算，一只中等大小的鸭子，一天能吃两斤蝗蝻。

这一年，在微山湖畔，由于鸭群对蝗蝻的歼灭，从根本防止了蝗虫的破坏，第二年也没有再出现蝗虫。

广东省四会县大沙乡的农民，在生产实践中也摸索出了利用鸭群防治水稻害虫的成套经验。

在稻蝗、稻飞虱、叶蝉和蝽象等害虫十分猖獗的一块八分晚稻田里，他们曾经放进30只400克重的小鸭。两个小时以后，剖开小鸭的嗉囊一看，密密麻麻竟有200多只害虫，其中大多数是稻飞虱、叶蝉、稻蝗等，也有不少螺蛳。由此可见，鸭子吃虫的本领的确很大。

养鸭除虫这一措施既能防治害虫，又能发展副业，很受农民欢迎。

除虫的多面手

鸡喜欢啄食谷粒，这是人人知道的。然而，有时也可以看到鸡用它的爪子刨着烂草堆，从里面寻觅虫子吃。

实验证明，经常吃虫的鸡，产卵量可以大大提高。

根据鸡的这一习性，北京郊区的菜农，很早以前就常常利用鸡啄食菜园害虫。

在国外，这样的情况也是屡见不鲜的。

有一个国家，甜菜象鼻虫曾猖獗一时，根据科学家的建议，他们用了29万多只鸡，消灭了5万亩地里的象鼻虫。

据观察，一只鸡一天可以吃600只象鼻虫。

这样，在15亩甜菜地里，只要放100只鸡，就可以把象鼻虫吃光。

鸡，也是消灭害虫的多面手。

我国棉区农民，还曾利用鸡来消灭棉花的大敌——红铃虫。

红铃虫是藏在籽棉里越冬的。

根据红铃虫怕光、怕热的习性，我国农民采用“帘架晒花”的方法，来消灭越冬的红铃虫。

在收获棉花的季节，当籽棉采回来以后，放在架起的帘子上晒一晒，并且把鸡赶到帘下。籽棉在阳光的照射下，水分越来越少，温度逐渐升高。于是，怕热的红铃虫，就急急忙忙从籽棉里爬出来，寻找阴凉的地方避难。然而，这些眼明嘴快的鸡儿怎么能放过它呢？结果，这些“避难者”成了鸡的美餐。

根据山西汾阳县的经验，用这种“调虎离山计”，可以把越冬的红铃虫消灭80%以上。

忠实的“除草工”

鹅，也是鸟族的成员。它喜欢在水里嬉戏，跟鸭子结成了亲密的游伴。

水里的鱼虾是鸭子的佳肴，然而，它却不合鹅的胃口，水中和岸边的嫩草，才是鹅的美味。

江苏省北部棉区农民，利用鹅消灭棉田里的杂草，有着悠久的历史。

每当除草季节来临，人们就把大群鹅赶到棉田里。这些忠实的“除草工”，就沿着作物的两旁细心地把杂草除尽，而毫不伤害棉苗。

南美洲的棉农也曾经利用鹅来除草。据一个棉花种植场的实验，只要有20只鹅，就能保证150亩棉田不再受杂草的危害。

这样，鹅儿喂得胖，棉苗长得壮，岂不是一举两得吗？

九、“鸟语”的启示

春天的歌手

鸟类是春天的歌手。人们常用“鸟语花香”来赞美春天的景色。

鸟儿为什么要歌唱？人们往往提出这样的问题。

这个问题看来很简单，可是人们研究了多年，才初步揭开了它的秘密。

爱听鸟唱的人早就注意到，鸟的叫声，不仅在不同种类中有区别，就是同一种鸟中，雌鸟和雄鸟、老鸟和幼鸟的叫声也不一样，甚至在繁殖期间和平时的叫声也有所不同。

在繁殖期间，很多平时不大作声的鸟，也显得很不平静，鸣叫的旋律也随着改变。所以，一到春天，鸟类特别爱叫，叫声也更婉转动听。

科学工作者把鸟类的叫声归纳成两种：“鸣啭”和“叙鸣”。

鸣啭多开始于繁殖期，大多数仅限于雄鸟。当雏鸟孵出以后，亲鸟鸣啭的强度就会逐渐减弱；等到雏鸟羽毛丰满、离巢，有时竟会完全终止。鸟类的鸣啭跟繁殖期的“婚配”有密切的关系。早春时候雄鸟的歌唱，是一种求偶的“情歌”。

叙鸣，是鸟类生活中的一般叫声。当鸟类受到外界的不同刺激时，常会引起疑虑、警戒、恐怖和求援等叫声。许多集群的鸟，常靠叫声的呼应来保持联系，或者提醒同伴及时防御敌害。

绝妙的口技

猎人们早就发现，模仿“鸟语”可以诱捕害鸟。

我国云南省的彝族农民，长期生活在深山密林里，熟悉了各种鸟的叫声，有的经过勤学苦练，能精通几种害鸟的“鸟语”，叫起来就像真鸟一样。

这套绝妙的口技，在捕杀害鸟的工作中，能发挥很大的作用。

如果躲在树林里，学着某种雄鸟叫，雌鸟就会朝着叫声飞来；学着雌鸟叫，雄鸟也会飞来；学幼鸟叫，雄的雌的老鸟都会飞来。当它们正东顾西盼地找寻时，就会踏入马尾扣而被捉。

录音机的威力

不过，人学“鸟语”毕竟是很困难的，而且受到人的声音频率的限制，能学的“鸟语”也是不多的。现在，人们已经发现了更绝妙的引诱害鸟的方法。

科学工作者曾把乌鸦的各种叫声录制下来，使用效果非常显著。比如，在田间播送乌鸦受惊后恐惧的叫声，正在啄食的乌鸦马上飞跑了，好几天不敢再来；播送一只乌鸦被倒提着时一连串拼命挣扎的叫声，这种叫声在树林里一传开，睡着的乌鸦马上被惊醒，飞得一干二净。过了十天，这群乌鸦也没敢回来。又有一次，播送乌鸦“集会”的叫声，在田野中的乌鸦都向扩音器飞来，当它们发现受骗以后，才又飞散。

这是很值得研究的一个课题。

灰喜鹊常常偷吃樱桃，就是保护得很好的樱桃园，也往往有10%~15%的樱桃被盗。如果用磁带录音机，播放灰喜鹊遭遇敌害时发出的警报信号，就能将它们惊散。

在德国，人们曾在一个180亩大的樱桃园里，安设了四个15瓦的扬声器。在樱桃收获期间，经常用两个或四个扬声器连续播放灰喜鹊受害时的惨叫声。这样，灰喜鹊对樱桃园也只好“望而生畏”了。

如果我们录制下某些益鸟欢喜雀跃之声或它们求偶时的“情歌”，在害虫猖獗的农田或果园里播送。那么，许多益鸟儿将闻声赶来，和原有的益鸟一块儿，投入消灭害虫的战斗。

“两栖兵”和“爬行兵”

益鸟，在歼灭害虫的战斗中，立下了赫赫战功。然而，你可曾想到，青蛙、蛇等动物，也是一支不可忽视的“劲旅”……

一、闪电战

“青草池塘处处蛙”

夏天的雨后或黄昏，在田野里，在池塘中，常常群蛙齐鸣，此起彼伏。从很古的时候起，我国的农民就能根据这种叫声的早晚和大小，来估计庄稼会丰收还是歉收。我国明朝医药学家李时珍在《本草纲目》里，也曾这样写道：“农人占其声之早晚大小。以卜丰歉。故唐人章孝标诗云：田家无五行，水旱卜蛙声。”

青蛙的家族很大，最常见的是黑斑蛙、狭口蛙、泽蛙、虎纹蛙、雨蛙和树蛙等几种。

青蛙的幼虫——蝌蚪，用鳃呼吸，只能在水中生活；成蛙靠肺呼吸，也能以陆地为家，所以人们叫它“两栖动物”。每年春暖时节，青蛙便从冬眠中苏醒，开始活动、产卵。雌蛙产在水中的卵受精后，大约过五六十天就发育成了青蛙。青蛙的皮肤平滑而湿润，喜欢生活在水田沼泽等低湿处。宋诗中有“黄梅时节家家雨，青草池塘处处蛙”的句子，这是很有道理的。

别看青蛙长得笨头笨脑，它却是捕捉害虫、保护庄稼的哨兵。

你只要捉一只青蛙，放在养金鱼的玻璃缸里，再捉几只活苍蝇放进去，就可以看到青蛙捕食昆虫的绝招了。

当苍蝇刚刚接近青蛙时，青蛙突然嘴巴一张，吐出一条飞叉似的长舌，一下子就把苍蝇卷进去了。

青蛙为什么能有这么一套闪电似的战术呢？

原来，青蛙的舌头和嘴都长得非常特别。舌头又长又宽，前端分叉，舌面上分泌有黏滑的液体，可以把害虫粘住。更妙的是，它的舌根不像别的动物那样长在口腔的后部，而是长在下颌的前端，舌尖是向里伸向咽喉的。捕食害虫的时候，它可以闪电似的突然向外一翻，伸得又长又有力量，犹如飞叉一般。而且，青蛙的口腔也相当宽阔，嘴巴一张，一点儿也不妨碍舌头的翻飞运动。

青蛙的食物主要是害虫。像白蚁、甲虫、蝗虫、稻螟虫、象鼻虫和蝼蛄等，都是青蛙所爱吃的。

青蛙依靠自己出色的本领，一昼夜就能捕食 70 多只害虫。在 1 个月内约吃 2000 只。一年里，它的活动期有 6 ~ 8 个月，那就可以消灭各种害虫 15000 只左右。

试想全国各地，青蛙何止千千万万？这将为我们消灭多少害虫！

癞蛤蟆不赖

青蛙的“同宗兄弟”——蟾蜍，也是一位出色的捕虫“能手”。

蟾蜍，也就是平时常见的癞蛤蟆。只因它背上长着许多小瘤子，有难闻的气味，特别是头部一对胖大的耳后腺有强烈的毒性，所以不怎么惹人喜爱。

蟾蜍的肚子大，吃得多。白天，当益鸟、青蛙在大量捕食害虫时，它们

却“客气”地蹲在阴湿的地方休息。夜晚，当益鸟和青蛙等大都休息时，它们就“接班”捕食害虫。

别看它行动慢慢腾腾的，捉起虫子来，可又快又稳，本领比青蛙还高呢！

在它那宽大的嘴巴里，没有牙齿，长着和青蛙一样的舌头。遇见昆虫飞来，它的舌头就会闪电般地飞出口外，把昆虫一下卷进嘴里，真可以说是“舌无虚发”、“百发百中”。

蟾蜍捕食的大部分也都是害虫，包括金龟子、油葫芦、地老虎等等。有人统计过，一只蟾蜍在3个月里可以吃掉10000多只害虫。

蟾蜍这样帮助我们消灭害虫，我们实在不应该讨厌它。

癞蛤蟆不赖啊！

两全其美

一只雌蛙一年能产卵5000～10000粒，如果都能孵化发育成蛙，那的确是一支消灭农作物害虫的生力军。

蛙类对害虫危害还起着经常性的预防作用。在江南水稻地区，螟虫发生的时候，也正是蛙类活动的季节。早期被蛙类吃掉一只螟虫，就免除了以后成千上万只螟虫的危害。

因此，保护蛙类，是在同害虫作斗争中，贯彻“防治并举，以防为主”方针的一项具体措施，应该大力提倡。

我国农民对于保护青蛙是有传统习惯的，解放以后，收到了更为显著的效果。

有些人爱吃青蛙肉，也有的地区有吃青蛙的习惯。为了解决这一矛盾，有关部门可以组织有条件的人民公社和生产队发展养蛙业，养殖一些体大、肉嫩和味美的青蛙，专供食用。这样，人们就不会去捕捉田间的蛙，而让它们更多地消灭害虫。

这不是一个两全其美的好办法吗？

屯住稻田

近年来,许多地区陆续发现,长期使用化学农药,不仅增加了害虫的抗药性,也杀灭了一些益虫。因此,不少社队采取在水稻田放养青蛙和安装黑光灯的方法防治害虫。这样做,既保护了害虫的天敌,防止了农药对环境的污染,也降低了防治成本,收到了比较好的效果。

“稻花香里说丰年,听取蛙声一片”。福建省莆田县自1974年以来,利用各种水面繁殖青蛙,扩大放养面积。他们采集青蛙卵和蝌蚪进行人工培养。在每亩放蛙600只的实验区里,害虫防治效果可达91.5%;而每亩施用3斤1605农药的防治效果只有88.5%。各放蛙区的水稻产量比不放蛙区增产11.13%~25.1%。1975年每亩放蛙1200只的稻田与不放蛙区对照,枯心率降低57.1%,白穗率降低73.7%,稻谷产量增加12.5%。福建省南靖县进行了以蛙治虫的实验,在稻飞虱盛发时期,进行害虫密度调查,发现不放蛙的小区,害虫密度为放蛙区的13~23倍。他们认为:每亩放蛙800只以上,即能有效地控制稻飞虱的危害。

青蛙也是捕食浮尘子的专家。据福建莆田县渠桥乡调查,泽蛙吞食浮尘子,一天最高纪录达266只。以每亩稻田有500只泽蛙,每只吃虫50只计算,每天共能除虫25000只。

保护青蛙,人人有责。搞好宣传工作,制定保护措施,这对于开展以蛙治虫的生物防治工作意义是重大的。

二、灭鼠的“健将”

“打草惊蛇”

蛇,是一种分布相当广泛的动物。除了特别寒冷的两极地区,某些跟大陆隔绝的海岛如新西兰、冰岛等地外，几乎全世界各个角落都有蛇，特别是热带地区最多。我国南北各地也都有蛇的分布。常见的有火赤链、虎斑游蛇、蝮蛇、银环蛇等等。

一提到蛇，差不多所有的人都有一种厌恶的感觉。

这是不奇怪的。因为人们平时听到或者看到的，往往是毒蛇给人们带来的灾难。

有些毒蛇咬人后，能致人于死命，比如眼镜蛇、蝮蛇等。李时珍的《本草纲目》中，关于蝮蛇的记载十分详细："蝮蛇黄黑色如土。白斑黄颔尖口。毒最烈……不即疗多死。"直到现在，在某些国家，毒蛇的危害仍然相当严重。

其实，在蛇类中，有毒的蛇只占少数。全世界3000种左右的蛇中，毒蛇大约只占十分之一。而且，除了少数几种蛇能主动向人进攻外，毒蛇一般并不会主动向人袭击，反而见了人很快逃走。因此，在丛林和草丛中行走时，人们往往采用"打草惊蛇"的办法。

在我国各地常见的一些蛇，如火赤链、乌风蛇、水赤链、黑眉锦蛇等，都是无毒蛇。

无毒蛇不仅不伤人，而且还能帮助人们捕鼠，促进农业生产。

"囫囵吞枣"

蛇喜欢睡在阳光下。它把整个身子盘作圆圈，把头安放在圆圈中央。只要有小的动物从眼前经过，它会突然一跳，张开大嘴，向小动物攻去。一霎眼的工夫它又退了回去，重新卷起来，仍把头安放在圆圈中央。

所有的蛇都有一种柔软的、分叉的、黑色线状的东西，从它的口唇间伸出来，这是它的舌头，一个绝对没有害处的舌头。蛇用它来收听周围的声音。当受到刺激时，舌头就在两唇间很快地抽动，似乎又是在表示自己的愤怒。

眼明嘴快的猫头鹰，以善于捕鼠而著称。其实，蛇也是有名的捕鼠"专家"哩！

平时,它埋伏在草丛里,当老鼠从它的眼前经过时,它的身体就像弹弓似的弹了过去,只听得一声尖叫,老鼠被咬住了,这只短命的老鼠伸直了腿,不再动了。

在《蛇和象》的寓言里,曾提道:“贪心不足的区区小蛇,张着嘴巴,龇牙咧嘴地想吞下硕大的巨象……”显然,蛇吞不下大象,但是,能吞下比自己头部大得多的老鼠,却是千真万确的。

原来,蛇的嘴竟能张得比自己的脑袋还大。它在捕食老鼠时,紧紧咬住老鼠的头顶,避免下吞时口腔和食管被老鼠尖锐的牙齿刺伤。尽管这样,在吞食之前,还是要经过一段专门加工哩!它把老鼠拼命地缠绕,挤挤压压弄成“长条”。吞食时,它的上颌斜向左侧,再斜向右侧,然后使劲地把老鼠往下咽,直到完全吞下去为止。

灾后奇闻

在巴西、委内瑞拉以及非洲等地的一些地区,人们普遍在谷仓和家中养着一种捕鼠蛇,作为保护粮食的“警卫员”。

我国和日本养蚕区的人们,把黄颔蛇称作“保护神”或“青大将”,这是非常有道理的。黄颔蛇是无毒蛇,它喜欢钻到房顶上去进行捕鼠活动。而老鼠总是在蚕房中偷吃蚕儿,给蚕业生产带来很大损失。因此,养蚕区和谷仓里出现了黄颔蛇,人们就像待猫一样的保护它们。

有趣的是,我国农民还曾经利用蛇做助手,促进农业生产呢!

40多年前,广东省有一个地方,发生了大水灾。水灾过去以后,隔了好几年,收成还是不好,人们很发愁。

这时候,有些老农想出了一条妙计:到外地去买回来许许多多条蛇,把它们放到农田里。果然,庄稼获得了好收成。

原来,事情是这样的:在发大水的时候,躲在洞里的蛇,都被洪水淹死或冲走了。而部分爬到树上、屋顶上的田鼠,却逃避了灾难,活了下来,等大水退了以后,田鼠回到它们的老家——农田里来,没有了制约它们的天敌，就肆无忌惮地繁殖起来，到处横行霸道，糟蹋庄稼，收成怎么能好呢！

这个故事，给我们以深刻的启示：应该经常留意周围的自然现象，通过经常的观察和分析，才能够发现大自然里更多的奥秘。

以虫治虫

在昆虫之间,也和自然界的万物一样,存在着互相依存和互相制约的关系。人们发现:有些昆虫专以捕食别的昆虫为生;有的则用别的昆虫的躯体来繁殖它的后代……我们要想利用昆虫间的互相捕食、吞噬,来防治某些农作物害虫,就必须对各种昆虫的生活习性和彼此之间的关系,进行一番深入的研究。

一、"双刀"对敌

奇妙的猎捕

螳螂是一种较大的昆虫。它有着苗条的身材,朴实而优美的装饰。细长的颈上,顶着一个能往任何方向转动的头和一对丝状的触角。浅绿纱裙似的长翅,覆盖着它那较大的肚子。这非常善良的外表,使你很难想到,它还是一位杀敌的"猛将"哩!

螳螂,常用它的中足和后足着落在植物上。前足的形状像长臂,高高举在胸前,仿佛在祈祷。所以,欧洲人给它取名叫"祈祷的昆虫"。其实,这种端庄的姿态,正是它打猎的准备。

它的前足上有两排锐利的锯齿,这是打猎的武器。

当有什么可吃的昆虫经过面前，它那祈祷的姿态立刻改变，前足迅速展开，把末端的“挠钩”准确地投去。任何动作敏捷的昆虫，在它的两把大刀面前，都没有逃脱的余地。人们把它的前足称作“捕捉足”。

螳螂的饭量很大，食品的花样也很多。苍蝇、蛾子、蝴蝶、青虫等它都捕食；昆虫世界的“音乐家”——蝉，更合它的口味；就连昆虫世界的跑跳“健将”——蝗虫，也常被它猎捕。

若能实际观察一下螳螂对蝗虫的猎捕，那是非常有趣的。

瞧，螳螂一见到灰黄色的大蝗虫，便作痉挛似的跳跃，摆出一副可怕的姿势：两翅斜斜地伸向两侧，恰像装在背上的两张对称的“帆”。尾端剧烈地上下摇动，呼呼发声，简直同吐绶鸡张尾时的吐气声一样。同时，两对后足，把身体高高抬起，全身几乎直立了起来。两把大刀缩在胸前，那用几行“珍珠”和白心黑斑装饰着的腋下，也显露出来了。这斑纹真像孔雀尾上的眼状斑，是雄壮而威武的点缀品，除狩猎时外，平常总是密藏着的。

螳螂摆出了这种奇异的姿势后，一动也不动，眼睛直盯着蝗虫，头随着对方的移动而缓转。

大敌当前，蝗虫的长脸上起了什么变化呢？

蝗虫的铁一般的面孔上，从来就没有出现过什么表情。此刻，它受到了严重的威胁，生死就在这眨眼之间。螳螂在它的面前，举起两把大刀，想砍倒它，它更是看得清清楚楚的。虽然，它有健壮的后腿可以跳跃，有双翅能飞，现在逃走也不是没有希望，但它并不逃走，却呆伏在那里，好像傻了一样，听凭命运的摆布，甚至慢慢地走到螳螂的身边去。

小鸟在张开血红色大口的蛇面前，往往恐怖得发呆，忘记了逃命，结果被蛇咬住了。此刻，蝗虫也差不多是同样的情形：当它昏迷时，螳螂的两把“大刀”就狠狠地投去。不用说，也有可怜的抵抗和挣扎。它的大牙向空中乱咬，它的腿向空中乱舞，然而，这一切挣扎已经太晚了……

螳螂在攻击危险性小的青虫和蝉时，虽然也摆出一副威风凛凛的姿态，但绝没有像对付蝗虫那样杀气腾腾。有时竟不摆架势，只轻轻地把“大刀”投去，瞬间就把猎获物带回来。

巧装诱敌

在螳螂的“宗族”中，还有几种螳螂，有更加巧妙的捕食本领。

有一种黠螳螂，它的胸节的两侧和前肢的基节，生着色彩美丽的薄膜。它们隐藏在树叶和花丛中，把一对足装成花瓣似的。有些昆虫兴冲冲地飞去采蜜，结果是自投罗网……

还有一种生活在热带沙漠地区的螳螂，体形细长，颜色微绿，非常美丽。它能隐蔽在草丛里，一动也不动地蹲上几个小时，伺机猎食。

这种螳螂的头部有一扁平状的突起物，前部微凹，平滑而光亮。为了弄清这一突起物的功能，有一位科学家，对这种螳螂的生活习性进行了详细的研究。他发现，这种螳螂伏在草叶上的时候，总是以它那突起物朝向阳光。这种突起物能像镜片一样，把阳光反射到不远的枝叶上，闪烁出虹一般的炫目的光彩。远远望去，就像那里挂着一颗晶莹的露珠或一滴花蜜。这位科学家认为，这种螳螂就是这样诱敌深入，进行猎捕的。

本来嘛，对昆虫来说，在炎热、干旱的沙漠里，有什么能比露珠和花蜜更有诱惑力呢！

在果园“巡逻”

大约在每年八月底，雄螳螂便开始了“恋爱”和“求婚”。

这时，雄螳螂一见到雌螳螂，就殷勤地迎上前去。它挺直了胸膛，伸直了颈项，含情地望着对方。雌螳螂这时却非常安详，像一位“骄傲的公主”，对雄螳螂的这一切举动“不屑一顾”。于是，雄螳螂又改变了方式。它扇动着双翅，“嚓嚓”作声，好像要使对方知道自己急切的心情。

不知怎样，雄螳螂终于看到了对方“许婚”的表示，便走上前去，张开两翅，隆重地举行了“结婚仪式”。

不料，在它们交尾的时候，雌螳螂竟回过头来，毫不留情地咬住了“丈夫”，一口一口将它当点心吃了。不管头部、腹部都吃得津津有味。而这位痴情的“丈夫”，竟毫无抵抗地任它的“妻子”为所欲为。

雌螳螂吃了自己的“丈夫”以后，得到了足够的营养，就要开始生儿育女了。它能产下几百粒卵，这些卵黏结在一起，成为一个卵块。

看来，螳螂这种“妻子”吃“丈夫”的悲剧，还的确是保证后代健壮和延续种族的一种需要哩！

在阳光充足的地方，我们常常能在灌木的枝条上，草丛的枯茎上以及石块、碎瓦片上面，看到螳螂的卵块。这些卵块是黄褐色的、半椭圆形，有半截大拇指那样大，俗称“桑螵蛸”。

在我国南北各地，一些有经验的果农，早已熟悉了螳螂的生活习性，因此，总希望自己的果园里屯住更多的螳螂，来为果园除害。每年冬季，他们便专门采集一些螳螂的卵块，藏着过冬，等到第二年春天，散放到果园里去。

在阳光的爱抚下，每一个卵块都能孵出一百多只小螳螂。

小螳螂一出世，就承继了它祖先的“武艺”，一天到晚举着两把“大刀”，在果树上“巡逻”。

二、蔗园的“近卫军”

有益的发现

甘蔗是制糖的好原料，生吃更是甜脆可口。福建省同安县盛产的甘蔗，以松脆清甜、汁多渣少而闻名全国。然而，就是这种深受人们喜爱的甘蔗，却有着许多敌人，其中最凶恶的就是蔗螟。

蔗螟的蛾子一般都在蔗苗的叶鞘间产卵。春夏之间，随着蔗苗的生长，螟卵也就孵化成幼虫。这种虫子长得白嫩、柔软，有一对锋利的牙齿。它们爬到蔗节上咬开一个缺口，钻入蔗茎里为非作歹。

甘蔗一旦受到蔗螟的侵害,轻的造成枯心,重的常常诱发赤腐病,引起了内部腐烂、发臭,很容易被风刮断,严重地影响了甘蔗的生长。

蔗农们曾采取拔枯心苗和喷药的方法,对付这种可恶的害虫。在一定的时间里,这种办法能收到一些效果。然而,当幼虫钻进蔗茎以后,喷药就无济于事了。

人们在同蔗螟的长期斗争中发现,红蚂蚁能致蔗螟于死地。

原来,在水沟边、池边的甘蔗地里,有一种红褐色的小蚂蚁,经常像值勤的"卫士"一样,辛勤地往返于甘蔗的茎叶之间。别看它个子长得小,本领可大得很哩!你瞧,当红蚂蚁发现了幼螟虫时,出其不备,一口咬住幼螟的胸口,急速地运回巢去。如果对手个头很大,一只红蚂蚁难于对付,它马上舞动触角,回巢通风报信。于是,在顷刻之间,便有大群的红蚂蚁赶到,合力围攻。直到把蔗螟咬死,把尸体抬回巢中,这场"战斗"才算结束。

"安营扎寨"

红蚂蚁是一种群居性的昆虫,它们像蜜蜂一样,有着明确的分工。蚁群内有雌蚁、雄蚁和职蚁三种成员。雌蚁身体最大,专门负责生儿养女;雄蚁中等身材,行动灵活,一生中唯一的工作是跟雌蚁交尾繁殖后代。能够消灭蔗螟的是职蚁。它身体最小,数量最多,一般每群有三四百只,多的上千只。职蚁除了搜捕食物外,还兼管饲喂幼蚁、建造蚁巢和整个蚁群的保卫工作。

要想使蔗园布满红蚂蚁的"岗哨",就得做一番给红蚂蚁迁居的工作。

红蚂蚁生来喜欢潮湿,多栖居在避风、向阳、湿润而富有有机质的山谷、草泽和池塘边。

每年四五月间,南方的雨季开始了,蔗农们便三三两两地到田野上巡视。这时候,红蚂蚁的家乡遭到了水灾,它们从低湿的地方向高处搬家。虽然是逃难者,但迁移的队伍仍然排列得整整齐齐。走在最前头的,是雄赳赳的"侦察兵";当中,簇拥着蚂蚁"女王"——雌蚁,这是它们的老祖宗;

后面，是浩浩荡荡的职蚁的队伍，还有无数的“娃娃兵”——幼蚁。在这种情况下，有经验的蔗农就把一只只细管子插在红蚂蚁搬家的道路上。这种管子是用芦苇制成的，上下有两节，节中有一个小孔。在流离失所的红蚂蚁眼中，这简直是理想的“避难所”。在“侦察兵”侦察之后，红蚂蚁便成群结队地钻进管子，还用泥土封住了上面的空洞，在这新的“营房”里定居下来。

过了几天以后，蔗农们来察看，看到管子上有泥封口的就拔起，放入袋里。就这样，他们收了几百只，几千只，满载而归。

在干旱的季节里，要收集红蚂蚁就有一定的困难。因为，在这种情况下，蚁群不仅不迁移，反而入土更深。于是，蔗农们又想出了另一条妙计。他们先把收集筒插到蚁巢附近，傍晚时，再在蚁巢附近浇水，迫使蚁群迁到收集筒里。

蔗农们把收集到的红蚂蚁，一筒筒插到蔗田里，红蚂蚁就在蔗园里“安营扎寨”，开始了新的生活。

跟踪追击

蔗园来了红蚂蚁，蔗螟的丧钟就敲响了。

虽然蔗螟能用钻心术危害蔗茎，但也逃不出红蚂蚁的慧眼。红蚂蚁能够依靠发达的嗅觉，根据蔗螟发出的气味，跟踪追入蔗茎内部，爬到蔗螟身上，狠狠地咬它，直到把它咬死，拖出洞来，运回巢去。

蔗螟能随着甘蔗的生长，从蔗茎基部向上逐节危害。而红蚂蚁也能随着蔗株的生长，从地面迁居叶鞘内侧，紧追不放。冬天，蔗螟又转入宿根蔗的地下部分越冬，红蚂蚁也从叶鞘向下迁入甘蔗根部，继续追捕，毫不松懈。以往，宿根蔗田是蔗螟越冬的“安乐窝”，来了红蚂蚁后，宿根蔗田才成了红蚂蚁子孙的“摇篮”。

福建同安的甘蔗，大部分是年初种，年底收。为了保证甘蔗质量，土地是实行轮作的。当蔗农们挖除蔗根时，便用前面那种插管方法，把红蚂蚁迁到新的蔗园里去。每当雨季来临，蔗农们又到田野水沟边去“招募新兵”。

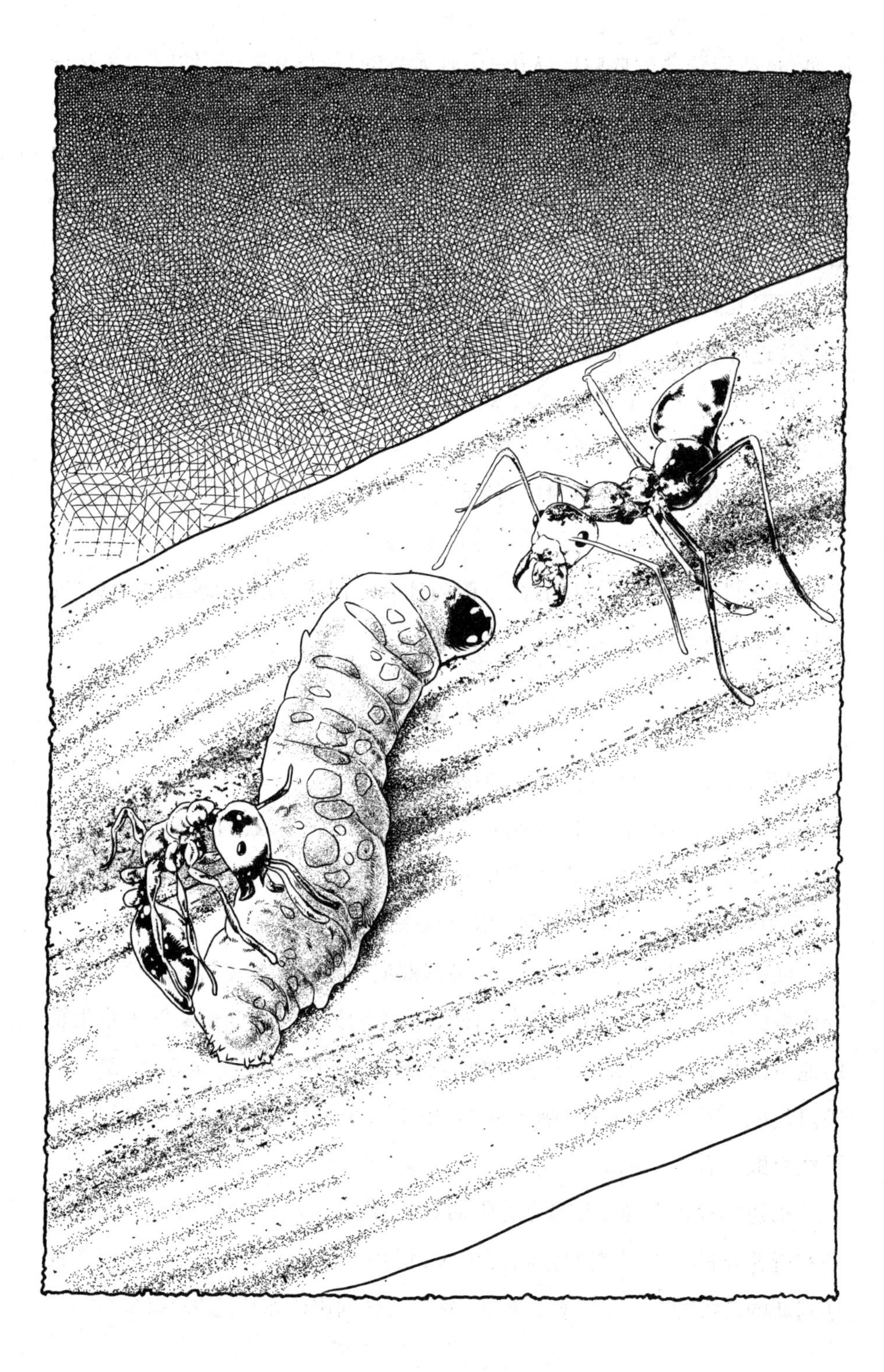

现在，蔗区的广大农民，在原有的基础上，创造出一整套人工繁殖红蚂蚁的办法：在地上挖一条浅沟，填入烂草，表面撒上泥土，把雌、雄红蚂蚁放到里面，便可以大量繁殖。第二年再用芦苇管引出，放到蔗园里去跟蔗螟作战。

据调查，引入红蚂蚁的蔗园，螟害枯心率可比对照区减少 72.9%～100%，螟害节率可比对照区减少 88.47%～97.08%。引入红蚂蚁三年以上的宿根蔗园，基本上找不到蔗螟了。

三、棉田里的战斗

狼狈为奸

在昆虫世界中，有一种很小很小的虫子，只有蚂蚁的四分之一那么大。然而，它却是蚂蚁的“乳牛”，能给蚂蚁提供养料丰富而又可口的“蜜露”。

这就是蚜虫。

蚜虫，靠吸植物的汁液为生。它吃下这种汁液，经过消化，吸收了蛋白质和糖分，把过剩的糖分和水分一起排泄出去。这种排泄物又黏又甜，就是蚂蚁最爱吃的“蚜蜜”。

你相信吗？蚂蚁还会像保姆一样喂养蚜虫呢！

冬天快到了，蚂蚁给蚜虫修建起桂圆形的“宿舍”，请蚜虫进去避寒越冬。对于蚜卵，蚂蚁更是精心照料，辛辛苦苦地把它衔回自己温暖的洞里，唯恐冻死。如果洞里特别潮湿，蚂蚁就选择温暖的天气，把蚜卵搬到洞外进行“日光浴”。风干以后，再衔回洞里保护起来。小蚜虫在蚁巢里出世后，蚂蚁还会无偿地供给饮食。等到春暖花开以后，蚂蚁就把蚜虫“抱”出洞外，安置在适当的绿叶上。

蚜虫大多无翅，自己不能迁飞。在危害期里，常因植物枯死，自己也同归于尽。这时，蚂蚁又成了蚜虫的“恩友”。它们组成义务运输大队，把蚜虫从枯死的植株上运到新的绿叶上，使它绝路逢生，继续作恶。

更妙的是，蚂蚁搬家的时候，也要把蚜虫带到新居的附近。倘若蚜虫遇到敌人，蚂蚁还会帮助它抵抗哩！

当然，这不是偶然的。

在棉田里，当我们翻开受蚜虫危害的叶片时，就可以看到，在蚜虫中间，有许多蚂蚁在穿梭来往。它们这儿舐舐，那儿闻闻，爬上爬下，异常忙碌。遇见蚜虫以后，就用自己头上的两根触须，在蚜虫的屁股上轻轻地拍几下。蚜虫受了拍打，感到又舒服又得意。于是，从屁股后面的小管里慢慢地排出了液状的“蚜蜜”。这东西最合蚂蚁的口味，蚂蚁会把它舐得干干净净。

蚂蚁和蚜虫这样狼狈为奸，给庄稼带来极大灾难。

请看下面的事实。

庄稼的大敌

就拿棉花来说吧，从棉苗出土到收获，几乎一直都在遭受蚜虫的危害。

蚜虫靠它针状的嘴，刺进棉苗的嫩皮里，吸食棉苗的液汁为生。棉苗的许多营养被它们吸跑了，因而长得又瘦又小，像得了大病一样。严重时，会全株死亡。

1951年，我国东北和华北地区的棉田，有95%遭到棉蚜的侵害。在党和政府的领导下，人们的治蚜战斗持续了两个半月，终于取得了胜利，使当年棉花产量超过了往年。

但是，在这场战斗中，我们并不是毫无损失的，仍然比预计减产了15000万斤籽棉。

3斤籽棉可以出1斤皮棉，1斤皮棉可以纺织14尺布。如果平均14尺布做一套“青年服”，那么，就有5000万套“青年服”被小小的棉蚜吃到肚里去了。

你看多可恶!

天文数字

棉蚜对棉花的危害的确惊人。然而,更令人惊奇的是它的繁殖能力。

一个棉蚜出生以后,大约经过5天左右就可以成熟,从此开始生小棉蚜,平均每天生3个,一连生20天。第一天生下来的小蚜虫,过5天也要开始这样繁殖。一年中,棉蚜生殖的总天数,大约是150天。按累进生殖计算,早春第一次出生的一个雌蚜,一年可以繁殖多少后代呢?

昆虫科学工作者曾经算过这笔账。按实际观察记录,平均一个棉蚜第一个5天生20个小蚜虫,第二个5天生19个;第三个5天生3个。这样,在150天中,早春第一次出生的一个雌蚜,所繁殖的后代总数是:

6726233380742926035O8个。

多么惊人的天文数字啊!

假若一个棉蚜所占的面积是1平方毫米,那么,这些棉蚜所占的总面积就有670000000多平方公里。

我们知道,地球的面积是510000000多平方公里,而这些棉蚜所占的总面积就比地球的面积还大了。

你也许会想:一个蚜虫所繁殖的子子孙孙,就能超过地球的面积,那么,地球上还能有人插足的地方吗?请不必担忧。

实际上,它们的繁殖是不能达到最高限度的。

这是为什么呢?

灭蚜的"小英雄"

原来,在人类还没有想出对付棉蚜的办法之前,自然界已经在限制蚜虫的繁殖了。

在蚜虫群里,你会看到一种灰白色的细长的虫子,样子很像蛆,这是食蚜蝇的幼虫。它尖尖的头总是抬得高高的,这儿碰碰,那儿敲敲,像瞎子手里的指路棍，这正是它在找寻食物啦。它一碰到蚜虫，就把尖尖的嘴插进蚜虫的肚子里去，毫不客气地吸食蚜虫的体液。一个滚胖的蚜虫，不一会儿就被它吸空了。

蚜虫最怕的是蚜小蜂。它专门把自己的卵产在蚜虫的肚子里，使蚜虫变成它的“产房”。瞧，它用尾上的针，把蚜虫的肚皮刺穿，把卵产进蚜虫的肚子里。一天天过去了，卵在蚜虫肚子里孵化成了白色的小虫。它靠吃蚜虫肚子里的东西生活。慢慢地，小虫子长大了，咬破了蚜虫的肚皮，钻出来啦！而蚜虫被它吃得只剩下一个空壳。每一只蚜小蜂的雌蜂，在一生中能产200~300粒卵，这样便能消灭许多蚜虫。

在铲除棉蚜的战斗中，瓢虫也是一支不可忽视的力量。

在农田和果园里，常可以看到一些披挂着半球形“铠甲”的小虫，翅上有鲜艳夺目的斑纹，显得既精神又秀气，这就是大名鼎鼎的瓢虫。

普通常见的瓢虫，除二十八星瓢虫和十星瓢虫是害虫外，其他大多是益虫。你别看它长得那样小巧玲珑，吃起害虫来，可是狼吞虎咽。一只七星瓢虫一天能吃掉270多个棉蚜。一生能消灭7000多个棉蚜。和七星瓢虫同有“棉田卫士”之称的龟纹瓢虫、十三星瓢虫、异色瓢虫等，也都是捕食棉蚜的猛将。

初露锋芒

现在，人们正研究如何进一步推广利用瓢虫消灭棉蚜，促进棉花丰收。

在小面积的棉田里，利用七星瓢虫防治棉蚜，收效很快。叶片上的蚜虫，一两天就被消灭了。

利用七星瓢虫治蚜，根据散放日期，分短期(3~5天)和长期(5天以上)两种。在蚜虫发生以后，采集的瓢虫又较多时，可以短期集中使用，把采集的瓢虫全部放出。在蚜虫还没有发生时，可把收集起来的瓢虫喂养起来，待机使用。不论怎样使用，在放出以前，一定要饿它三五天。

饥饿的瓢虫放出以后，捕食能力很高。在放出后的两天里，它们每天的捕食能力可增加一倍半到两倍，并且能定居下来，不再飞走。

据河南安阳棉区的调查，如果每株棉苗上有两只七星瓢虫，蚜虫就大大减少，甚至全部被消灭；当平均每2000个棉蚜虫中有一只七星瓢虫时，棉蚜虫的数目在5天内就会大大下降。

1976年，河南省利用瓢虫防治棉蚜的棉田面积420万亩，约占全省棉田总面积的一半。山东省定陶县9个乡，45个村，在12400亩棉田搞以瓢虫治蚜的实验，取得了良好效果，基本上控制了棉花生长前期的蚜害。

利用瓢虫消灭棉蚜，虽是初露锋芒，但可以肯定：这是一个灭蚜的新途径。

四、"调兵遣将"

一支暗中消灭害虫的大军

在山地和靠近水沟的沙质土地上，如果你留意一下，常会发现一种颜色美丽，具有金属光泽的甲虫，这就是捕食水稻螟虫、玉米螟虫和卷叶蛾的斑蝥，又叫虎甲虫。它的幼虫善于拦路打劫，它们潜伏在沙土下面，只把头露出来，遇到害虫从面前路过，就出其不意地将它一口咬住，吃个痛快。

步行虫是一种来去匆匆，善于奔走的甲虫，它的成虫和幼虫都是捕杀粘虫的能手。

蜻蜓是我们最熟悉的昆虫，它的本领很大，能捕食危害农作物的小飞虫……

从害虫蛀孔里钻出来的虫子，不一定都是害虫。有一种身体细长的小甲虫，叫做隐翅虫，就是喜欢在蛀孔中寻找害虫。它能捕食比它身体大几倍的螟虫。由于螟虫身大体胖，所以等不到吃完，肉就腐烂了。于是，这位狩猎者，又另去捕捉活虫。有时，在一个星期里，它能捕食50多条螟虫。

有些昆虫组成了一支暗中消灭害虫的大军。它们也善于在害虫的幼虫、蛹和卵中产卵，使被寄生的害虫丧生。最有意思的是土蜂，当它们快要产卵的时候，先在墙角、墙缝和树洞等处，选择一个向阳、避风的场所衔泥做巢，然后到田间去寻找青虫。找到了，就用刺蜇它一下，把毒液注射到青虫身上，青虫就像打了麻醉针一样，昏迷不醒。于是，土蜂把它拖进巢里，并在青虫体内产卵，产完卵就把巢门封闭起来，等卵育成了幼虫，青虫就成为幼虫的食物……

寄生蝇产卵的方式与土蜂不同，它不是把卵产在害虫的体内，而是产在体外。当雌蝇找到一只害虫的幼虫时，它就迅速地在它的头部或胸部产下一粒卵。因为卵有胶性，就牢牢地黏附在害虫的身上，卵孵化成蛆后，就蛀穿幼虫的皮层，或者从肛门里钻进害虫的体内。这时候小蛆的食量还很小，被寄生的幼虫仍能化蛹。可是化蛹以后，小蛆的食量增大了，就渐渐地把蛹体内的东西吃空，然后在蛹壳内或者附近土中化蛹，不久便羽化成寄生蝇。

以上情况说明，在自然界里，能够帮助我们消灭害虫的昆虫是很多的。

目前，人们广泛研究和利用的益虫，要属瓢虫和寄生蜂了。

这里先谈谈瓢虫。

瓢虫的“家谱”

瓢虫是生物防治中的重要角色。

瓢虫的“家族”大，种类多。前面曾介绍过，除了十星瓢虫和二十八星瓢虫外，其他大都是益虫。

瓢虫繁殖能力很强。一只瓢虫一生可产卵700～1000粒，多产在叶子背面害虫密集的地方，便于幼虫孵化后，能“就地取食”。幼虫是灰黄色有刺的小毛虫，蜕皮三次以后，这个丑陋的小家伙便化成蛹，再羽化成美丽的“花大姐”。瓢虫一年繁殖三代，所繁殖的子子孙孙，会达到上万只。这也是它们能大量捕食害虫的原因之一。

七星瓢虫、龟纹瓢虫、十三星瓢虫、异色瓢虫、两小星瓢虫等都是棉田的“卫士”。姬赤星瓢虫，大红瓢虫，澳洲瓢虫等，却是介壳虫的天生尅星。姬赤星瓢虫喜欢在果园“巡逻”，捕食粉介壳虫。大红瓢虫、澳洲瓢虫却是柑橘园里的“哨兵”，专门歼灭危害柑橘最严重的吹绵蚧壳虫。

吹绵蚧壳虫是一种可恶的害虫。柑橘树受到它的侵害，常常引起一种“煤病”。受害的枝叶布满黑色的如煤烟样的东西，时间长了，叶脱枝枯，全株死亡。由于这种害虫的体表具有保护性的蜡质，所以，施用化学农药防治，常达不到理想的效果。而大红瓢虫和澳洲瓢虫却能“马到成功”，把它们“一网打尽”。

南征北战

从外地引进益虫，防治本地的害虫，世界各国都有成功的事例。

1929 年，我国有人曾由国外引进了澳洲瓢虫，用来防治吹绵蚧壳虫，获得了成功。

我国产的大红瓢虫，也是“南征北战”的“猛将”。

1953 年，湖北的柑橘树遭到吹绵蚧壳虫的严重危害，人们把一部分大红瓢虫从浙江永嘉“调动”到湖北，经过饲养，“兵力”大增。这些从千里之外调来的“新兵”，对当地环境一点儿也不感到陌生，它们在果树上纵横穿飞，狼吞虎咽，使得吹绵蚧壳虫得不到“重整旗鼓”的机会。因而，在短短的一年时间里，就使原来“奄奄一息”的果园，重新恢复了“青春”。

1955 年，大红瓢虫又转战四川，为 18000 多株柑橘树消灭了吹绵蚧壳虫。这一次战斗，仅药费就节约了 22000 多元。

后来，广西、福建两省的柑橘园里，吹绵蚧壳虫的活动十分猖獗，人们又从湖北调遣了大批大红瓢虫前去“剿灭”，又取得了辉煌战果，为“闽橘”、“广柑”的丰收立下了新功。

现在，利用大红瓢虫和澳洲瓢虫防治吹绵蚧壳虫的工作，已遍及南方各省。

五、草蛉显神威

威武的绰号

夏天，在棉田里，我们常常可以看到瓢虫的友邻部队——草蛉。

你看，在一片片棉叶上，一只只草蛉幼虫，到处爬行，寻觅食物。

论长相，草蛉幼虫的确其貌不扬，全身毛茸茸的。然而，它却是消灭蚜虫的干将。

草蛉幼虫随身携带的杀敌武器，就是它的一对大颚。你看它，瞅准一只蚜虫，狠狠地把一对大颚插进蚜虫的大肚子里，吮吸体液。不一会，蚜虫的体液被吸个精光。草蛉幼虫扔下吃剩的残皮，又向另一只蚜虫发起了进攻。

由于草蛉幼虫吃起蚜虫来像狮子一样凶猛，所以人们送给它一个威武的绰号——“蚜狮”。

查一查草蛉的“食谱”，还真花样繁多哩！红蜘蛛、粉虱、棉铃虫等，都和蚜虫一样，是草蛉“餐桌”上的美味佳肴。

有时，我们在棉田里，可以看到一些淡绿色的小“蜻蜓”，在棉株间轻飘飘地飞着。当它们停下来的时候，浅绿色薄纱似的翅膀便并拢起来。这时，如果我们悄悄地走过去，只要把两个手指一夹，就可以捉住它。但是，请不要伤害它，这就是草蛉的成虫。

仔细地研究起来，草蛉不但家族大，而且种类也相当多。大草蛉、中华草蛉、丽草蛉，和叶色草蛉等，都是叔弟叔兄。

甜蜜的“爱情”

在草蛉的生活中，最有趣的莫过于它们“恋爱”与“求婚”的习性。

你看，在夕阳的余晖里，棉田里静悄悄的。一只只俊俏的雄蛉，四处奔走，在寻觅它们的“情侣”。

它们站在棉叶上，抖抖身子，用一对前足梳理一对长长的触角，再洗洗面部，然后，振动翅膀，发出沙沙的声音，这是向“情侣”发出的“求婚”信息。

在棉田另一个角落里，一只雌蛉坐不住了。它本能地听到了“情人”的轻微暗号，于是，迫不及待地向着发声的方向赶去。

“情侣”相会，分外亲热。它俩互相用嘴交哺，用触角“交谈”，甜言蜜语，喋喋不休。

在草蛉的“恋爱”生活中，第三者是不受欢迎的。有时，当一对雌雄草蛉在亲亲热热相会时，忽然飞来另一只雄蛉，一场冲突必然发生。结果，后来者被这一对“恋人”通力合作，驱逐“出境”。

经过这场考验，雌雄草蛉更加情投意合，相亲相爱，从嘴里吐出一种泡沫，互相交换，然后交尾。

交尾以后，雌蛉的唯一“心思”就是为未来的子女寻找“摇篮”。它不辞劳苦，到处奔波，闪动着一对炯炯有神的大眼睛，左右观察，终于，选中了蚜虫密集的地方，要开始产卵了。

做妈妈的想得多周到啊！它选中这样的“产床”，是便于未来的子女一出来，就地取食。

雌蛉爬在蚜虫堆中，站稳脚跟，翘起腹部，有节奏地将尾部一起一落，好像“纺纱”似的，先在植物叶上分泌胶质黏液拉成一根又一根长长的细丝，然后再把卵产在每根丝的顶端。

雌蛉可真称得上一位多产的妈妈，一生拥有八九百子女，难怪它的家族这么兴旺呢！

在昆虫世界中，像草蛉这样的卵是少见的。它的每粒卵上都带着一条长长的银丝。银丝富有弹性，风吹不断，雨也淋不倒。

由于卵固着在细丝的顶端，因此在孵化阶段不易被其他昆虫吃掉，而且幼虫孵出后，兄弟姊妹之间也避免了互相残杀。

这样看来，银丝对卵来说，起着保护作用呢！

女大十八变

在阳光的爱抚下，草蛉的卵三四天就孵化出幼虫了。毛茸茸的小生命出世后，在卵壳上休息片刻，就沿着细丝往下爬。要是不幸两头幼虫碰到一起，就不可避免地发生一场咬斗。结果，总有一只头部被咬伤，流血而死。

这是由于缺少食物引起的自相残杀，即使是"亲兄弟"之间也难以避免。

然而，当母亲的是知道子女的性情的，总是把卵产在蚜虫堆里。这样，刚孵出的幼虫，顺着细丝爬到蚜虫堆里，就毫不客气地大吃大喝起来。

论相貌，幼虫比起它们的父母来可算得上是丑陋的后生了。然而，它们身强力壮，是消灭蚜虫的猛将，一天就能吃百十头蚜虫或其他害虫。

草蛉的童年生活，只有短短的十天。经过两次脱皮，它就要抽丝作茧，在茧内化蛹，由蛹再羽化为成虫。

有趣的是，幼年期的草蛉，由于消化道与直肠不通，光吃不拉。所以成年后的第一件事，就是排出粪便。

俗话说："女大十八变，越变越好看"。草蛉到了成年，长得就很美了。苗条的身材，翠绿的"纱衣"，显得袅娜多姿，格外清秀。

由于种群的不同，成年期的草蛉，它们的食谱也不一样。中华草蛉、亚非草蛉不吃肉食，专门吃素，以花粉、蜜露为佳肴。而大草蛉和丽草蛉，则爱吃蚜虫和棉铃虫，一天能吃掉一二百头蚜虫或其他害虫。它们的一生要吃掉4000多个蚜虫。

在人的指挥下战斗

人们对自然的观察，绝不仅仅是为了认识自然，而是为了进一步改造自然。

近几年来，科学工作者经过努力，终于摸清了草蛉的生活规律，研究成功了人工饲养，繁殖草蛉的方法。

在人工饲养箱里，草蛉以未蛾卵为食，一代又一代地繁殖着儿孙。

“养兵千日，用兵一时”，当棉田里发生棉铃虫或者蚜虫时，棉农们就把人工孵出的草蛉幼虫，移入棉田里。于是，一场在人指挥下的战斗打响了。

草蛉幼虫来到棉田后，好像一位“杂技演员”，在棉株上穿梭爬行，如在捕虫时，遇到枝杈间的“鸿沟”和“断桥”，它就用尾尖吸附在棉株上，整个身子一跃而过，在空中来个前翻转，轻巧灵活，出其不意地捉住害虫。

草蛉幼虫，用一对大颚插入红铃虫的卵里，圆圆的害虫卵，顿时就被吸干瘪了。这样，红铃虫的幼虫还没出世，就在卵中夭折了。

亚非草蛉和晋草蛉，还有一套绝妙的“伪装术”呢，它们把吃剩下的红铃虫的卵壳或者蚜虫的躯壳，用嘴挑到背上，把自己伪装起来。这样，既能保护自己，又便于出其不意地消灭害虫。

草蛉的捕食力强，大草蛉的一只幼虫约可吃掉蚜虫 660 只，成虫约能吃掉蚜虫 480 只，一生约可消灭蚜虫 1000 只。

实践证明，利用草蛉治虫，虽处在实验阶段，但有着广阔的前途。在防治害虫的战斗中，它必将作出更大的贡献！

六、“钻肚皮”的战术

一 生 四 变

你看过《孙悟空三打白骨精》的电影吗？在那个故事里，白骨精一会儿变成一位苗条美貌的少妇，一会儿又变成一个枯瘦如柴的老太婆，这种妖术虽然都被火眼金睛的孙悟空看穿了，却仍然可以迷惑唐僧。当然，这是一段神话，而各种危害庄稼的害虫，倒好像真有这种本领哩！

菜粉蝶就是一个典型。

每当风和日丽的时候，在一片绿油油的菜地里，常有颜色素淡的粉蝶翩翩飞舞。可是，你是否知道，这种美丽多姿的粉蝶，竟是一条条丑陋的青虫变来的。

事情是这样的。

菜粉蝶在绿叶丛中飞舞，当它选中了一种蔬菜的菜叶时，便在上面产下一粒粒橘黄色的卵。卵在温暖的阳光下，孵出了绿色的青虫。刚孵出的青虫，只知道一味贪吃。当它们长得有一寸那么长了，就钻入篱边草丛中化蛹。蛹儿不食也不动，好像在沉睡一样。大约过一个星期左右，它终于醒了，摇身一变，成为一只漂亮的菜粉蝶，在菜地里飞来飞去了。

贪食的坏蛋

菜青虫是天生的“饭桶”。除了偶尔抬抬头，伸伸腰以外，什么都不做，只知道吃。有时几只菜青虫一齐抬起头来，又一齐低下头去。这大概是表示它们吃得很快活吧。

据统计，300 条菜青虫一天就能吃进 500 克菜叶。被它们吃过的菜叶，仅仅剩下网状的叶脉，要是虫多害重时，就连叶脉、叶柄也被它们吃得干干净净。

要是尽着这些坏蛋任意地吃下去，那可糟透了，我们将没有蔬菜吃了。

因此，从人们懂得种菜的那天起，就没有停止过跟菜青虫的斗争。

菜粉蝶在我国杭州一带，一年可发生八代。假如每一只雌蝶产卵 100 粒，而子代的雌、雄比数各占一半的话，那么，一只雌蝶繁殖到第八代时，它们的子子孙孙加起来就可以达到：

78 125 000 000 000 只。

如果按每只粉蝶 0.1 克计算，在一年中，它们子子孙孙的总重量就有：

7 812 500 吨。

不过，由于人们不断地采用各种方法进行剿灭，实际上它们不可能这样猖獗。更重要的是，菜粉蝶跟其他生物之间，也有着不可调和的矛盾……

且看下面这场战斗吧！

小茧蜂的“绝技”

春天里，如果我们走进菜园，往往可以看到：在篱笆脚下的枯草上，有许许多多黄色的小茧子，集成一堆堆的。每堆有一个榛实那样大，旁边都有一只空空的菜青虫体壳。这些小茧子，就是小茧蜂的外衣，小茧蜂是吃了可恶的菜青虫才长大的。

这种小茧蜂比菜青虫要小得多，只有蚂蚁那样大，然而，它却有一套以弱胜强的本领。当它看准了一只菜青虫以后，就立刻飞过去，用“注射”的方式，把尖锐的产卵管刺进菜青虫的体内。一只菜青虫往往有好几只小茧蜂去产卵。因而，一只菜青虫的肚子里，能有五六十粒小茧蜂的卵。

菜青虫被寄生以后，似乎不感到苦痛，照常吃着菜叶，照常出去游历，找寻适于化蛹的场所。但是它们显得非常无力，渐渐地消瘦下去，直到身体里的小茧蜂准备出来时，菜青虫终于支持不住，死掉了。小茧蜂出来后，就结茧化蛹，最后变成蜂，从小茧里飞出来。新的一代又继承了它们的“祖传绝技”，在消灭菜青虫的战斗中大显身手。

等于多收蔬菜

我国南北各地有经验的菜农，常常在菜畦周围散放一些草把，来诱集菜青虫，保护小茧蜂。

我们知道，菜青虫喜欢爬到篱笆边草丛间化蛹。被小茧蜂寄生的菜青虫，虽然精神不振，衰弱无力，但并不知道死亡在等待着自己，仍然踏上了化蛹的“征途”。当它们选中了草把，钻进去以后，生命已经危在旦夕了。这时，小茧蜂的幼虫从它的肚皮里钻出来，在旁边结茧化蛹，而它自己则是一个没有生命的尸壳了。

几天以后，菜农们来察看草把。他们把菜青虫的蛹通通剿灭，而对菜青虫尸体旁小茧蜂的蛹，却原封不动，倍加爱护。

这样，那一个个草把，倒真正成了小茧蜂的“营房”。菜农们把草把挂在菜畦附近，让那出世的小茧蜂，再去大战菜青虫。

这是一个非常简单而有效的方法。要知道，保护了小茧蜂，消灭了菜青虫，也就等于多收了蔬菜。

七、以小胜大

凶残的“食客”

红铃虫，是棉田里凶残的“食客”。

它们贪婪地蛀食棉花的嫩蕾、鲜花和幼铃，使得蕾、花和幼铃纷纷脱落。据估计，每年棉田的落花、落铃中有60% ~ 70%是因红铃虫的蛀食造成的。有些棉铃被蛀食以后，虽不脱落，但也形成烂铃和僵瓣，严重地影响了棉花的产量和质量。

红铃虫对棉花的严重危害，是跟它的“多子多孙”密切相关的。

在棉田里，从六月开始到棉花收摘，红铃虫一共能繁殖三代。第一、二代蛀食棉花的花和蕾，第三代危害青铃，并随着人们采摘的棉花，进入棉仓。晒花以后，由于籽棉里又闷又热，它又钻出来，爬到仓库墙壁的缝隙里。天气一冷，它就吐丝结茧，躲在茧里越冬。

红铃虫在茧子里，一直沉睡到第二年五月才开始化蛹，六七月羽化成蛾子。然后就飞出棉仓，回到棉田里产卵，让它的儿孙后代，继续在棉田里兴风作浪，祸害棉花。

红铃虫的繁殖率是非常惊人的。

在一年中，如果不采取防治措施，经过三代的生殖累积，每亩棉花至少能有红铃虫五六千只，多的能有八九万只。以四万只一千克计算，这样，每亩棉田仅红铃虫就有一二千克。

我国农业科学工作者，深入实际，调查研究，找到了红铃虫的天敌金小蜂，并加以人工繁殖，使金小蜂为棉花的丰收，做出了杰出的贡献。

摸清规律

金小蜂，是一种比蚂蚁还小的寄生蜂。

你别看它个头小，长得倒挺神气！它全身披着黑色的衣裳，闪着金属的光泽，并有一件随身携带的“武器”，能伸能缩，能弯能直，还带有毒素，这就是腹部末端的产卵管。这是一种多么奇妙的武器啊！

不过，身体肥胖的红铃虫，比金小蜂大十几倍，金小蜂能斗得过它吗？

为了摸清金小蜂跟红铃虫的斗争规律，人们进行了仔细的观察。

首先，让金小蜂同没有结茧的红铃虫较量。

瞧，金小蜂与红铃虫相遇了。它勇猛异常，一下子骑到了红铃虫的脖子上，从腹部末端拔出它的“利剑”，拼命地刺红铃虫。红铃虫蠕动着健壮的身体，顽强地昂首回咬，狠狠地甩掉了金小蜂。不甘示弱的金小蜂，又勇敢地爬到红铃虫身上去，往它头上刺，但又被红铃虫咬着甩了下来……

看来，金小蜂要想战胜没有结茧的红铃虫是很困难的。

知己知彼，才能百战百胜。红铃虫一生中反抗能力最弱的是在结茧以后。

红铃虫的茧子小如炒米花粒，透过薄薄的茧皮，就可以看到里面粉红色的虫体。注意，金小蜂又向结茧的红铃虫发起了进攻……

金小蜂在虫茧上爬来爬去，突然停住了，拉出了它的“利剑”，穿透茧子直刺红铃虫的头，头部太硬，还是不行。

金小蜂机警地转向红铃虫的尾部。果然，“利剑”深深地刺了进去。红铃虫由于茧子的束缚，无法反抗，终于挣扎着、颤抖着死去。接着金小蜂把红铃虫的肉搅碎，继而用分泌出来的蜡汁铸成一根透明的空心管，然后抽出产卵管，用嘴咬住自己铸成的蜡管，就好像小孩子用塑料管从奶瓶里吸牛奶一样，吸吮着红铃虫的体液。

这时的金小蜂，满怀胜利者的喜悦，吃得十分香甜。吃饱了，再舒展舒展腰肢，扇动扇动翅膀，梳理梳理触须，在虫茧上昂首屹立。看那神气，真是别有一番情趣。随后，它从容不迫地把产卵管又插进虫体里，产下了蜂卵，一粒、二粒、三粒……

三四天以后，金小蜂的卵，就在虫体里孵化成幼虫，并从红铃虫体内吸取营养，不断地长大，老熟以后，就变成了蛹。几天以后，成虫就出世了。

棉仓里的战斗

金小蜂是一种益虫，能不能对它进行人工放养、驯化，作为“突击部队”，在红铃虫生活的某一个环节，给以突然袭击呢？

1955年，我国农业科学工作者，在湖北武昌徐家棚棉区发现了金小蜂。经过了三年多的研究，摸清了金小蜂的生活习惯，终于掌握了人工繁殖的技术。

金小蜂在武昌地区，一年可繁殖12代，每头雌蜂平均可产卵52粒，一般在红铃虫的每个茧子里产卵10粒左右。

金小蜂也跟其他昆虫一样，冬天要进行冬眠。如果让金小蜂生活在20°的恒温箱里，并给它一些结茧的红铃虫作为食物和“产房”，它就会照常生活，两三个星期繁殖一代。

春天，天一暖和，人们就把培养在纸袋里的“新兵”，拿到仓库里去释放。

看吧，成千上万只金小蜂，从袋中飞出，到处搜索结茧的红铃虫。于是，在棉花仓库里，一场紧张的战斗开始了……

喜讯到处传

战斗的结果怎样呢？

捷报传来了：在放有金小蜂的棉仓里，90%的红铃虫茧都寄生有金小蜂。有的棉仓里，甚至全部的红铃虫都被金小蜂消灭掉了。放过金小蜂的地区，棉花在生长期间，花蕾因受虫害脱落的一般可以减少70%左右。棉花的单位面积产量也有了显著的提高。

金小蜂在灭虫战斗中屡建奇功,喜讯从全国各地不断传来。

湖北省自1958年以来,先后在18个主要产棉县利用金小蜂防治棉仓红铃虫,效果十分显著。该省枝江县连续9年大搞群众运动,27万亩棉花青铃被害率下降到10%以下,产量和质量逐年提高。

金小蜂不但能消灭棉仓里越冬的红铃虫,而且也可以直接放到棉田里,同那些在棉田胡作非为的红铃虫进行"野战"。

山西省临汾农科所于1960年前后,对金小蜂的生活习性及繁殖饲养技术作过研究,于四月中旬在侯马、永济、洪湖等6个地方共放蜂410000头,同时结合越冬防治,使每斤籽棉由原来平均80条红铃虫,降低到3~5条。

捷报又从湖南省传来。

仅澧县调查,1964年至1969年共培育金小蜂2100多万头,播放面积30多万亩。1970年全县24万亩棉田,放蜂达10万多亩,棉田花蕾被害率降低88.6%,铃害率降低33.4%。

现在,这种方法已在全国一些植棉省市推广,成为防治红铃虫的一项有效措施。

八、卵中的"房客"

螟稻之间

在我国许多地方,都盛产水稻。但是,在水稻生长过程中,常常会产生枯心苗和空瘪的穗,使水稻产量降低,严重时,大片稻田遭到毁灭。

这是一种虫灾。

你只要把枯心苗和白穗拔起,剥开穗秆,就可以发现里面躲藏的虫子。

这些害虫叫螟虫。

螟虫的"宗族"很大。常见的有二化螟、三化螟、大螟、台湾螟、褐边螟等几种，其中以三化螟危害最大。

三化螟是水稻的冤家对头，只危害水稻，而不危害其他作物。它每年可以繁殖3～7代。据统计，解放前，我国由螟虫危害而损失的稻谷，每年超过50亿千克。

当然，人们是不会任凭螟虫蹂躏水稻的，而是千方百计同它作斗争。

由于稻螟幼虫绝大多数是躲在稻桩里越冬，于是，人们采取在秋冬季掘稻桩的措施来防治。在水稻生长期间，又用田间采卵，灯光诱蛾，拔去枯心苗和白穗植株以及药剂防治等办法来对付它，都能收到一定的效果。

近几年来，通过群众性的科学实验，人们找到了一种同螟虫作斗争的新方法。

这就是利用赤眼蜂来消灭螟虫。

卵 中 卵

在水稻的叶梢间，常能看到乳黄色的卵块，这就是水稻螟虫的后代。有时这些螟卵焦黑而肿胀。好像是得了什么病。如果你有兴趣，只要观察一两天，就会发现，在卵的一端，慢慢开了一个圆形的"天窗"，有一只身穿黑衣，瞪着两只红眼睛的小蜂子从里面钻出来，抖抖翅膀、理理触须，飘然飞去。

这就是大名鼎鼎的赤眼蜂。

奇怪，稻螟虫的卵里怎么会生出赤眼蜂呢?

原来，当螟蛾在稻田里飞舞，准备生儿养女的时候，赤眼蜂也在稻田里作着产卵的准备。这样，当螟蛾刚刚把卵产在水稻叶背面时，赤眼蜂也就跟踪而去，靠着自己尖锐的产卵器，把卵产在螟虫卵里。蜂卵发育成幼虫，就生活在水稻螟的卵里，有吃有喝，长大变蛹。这时候，螟虫的卵也差不多空了。

赤眼蜂是一种小型的寄生蜂，身体只有半毫米长。别看它长得这样小，一生还能产40多粒卵呢！它在每个螟蛾的卵里只产下自己的一个卵，卵的全部发育过程都在螟虫的卵里进行，只要 8～11 天，就能羽化为成虫。

这样看来，一只赤眼蜂，一生就可以为我们消灭 40 多只水稻螟虫。值得指出的是，赤眼蜂毁灭的是螟蛾的卵。这样，水稻螟虫的卵还没有来得及变成幼虫去危害农作物，就夭折了。

一举两得

螟虫虽小，危害甚大。然而，它们毕竟敌不过人类的智慧。

请看，人们是怎样调度赤眼蜂去大战水稻螟的。初夏，当螟蛾在稻田里产卵的时候，农民们就整天在稻株上搜查。他们搜集了许多水稻螟虫的卵块，把它们放在一个清洁的杯子里，再把杯子放进坛里，坛里放些水浸着杯子。坛口盖上瓦片，留下一个洞。农民将这样的装置，叫做“寄生蜂保护器”。

赤眼蜂的卵孵化很快。卵块里如果有赤眼蜂的卵，孵化出来的赤眼蜂幼虫，就吸食螟虫卵里的汁液，一直享受到羽化阶段，才咬破卵壳飞出来，到稻田里去寻觅新的螟蛾卵。如果螟虫卵块里没有赤眼蜂的卵，孵化出来的水稻螟幼虫，不能涉水出来寻食，就饿死在杯子里。

妙极了！这方法既保护了赤眼蜂，又杀死了水稻螟虫，真是一举两得。

更上一层楼

科学在日新月异地向前发展。

现在，我国南北各地有些水稻产区，已经成功地建成了许多专门“生产”赤眼蜂的工厂。这种工厂里的一组机械化装置，24 小时能“生产”40 多亿只蜂。

有了这样的工厂，就能向农田及时供应大批赤眼蜂，致千千万万水稻螟虫于死地。

“生产”赤眼蜂的工厂是非常有趣的。

要想养殖大批赤眼蜂，首先就要给赤眼蜂准备“产房”。因此，这种工厂第一道“生产”工序就是养殖蓖麻蚕。

养殖蓖麻蚕与赤眼蜂有什么关系呢?

原来,蓖麻蚕的卵也可以成为赤眼蜂的寄主。利用蓖麻蚕的卵作为赤眼蜂的寄主,不但可使发育成的赤眼蜂的后代生活能力强;而且培养方法也较简便,只要有一间恒温室,室温维持在21～24℃,相对湿度70%左右,蓖麻蚕就可以吃着蓖麻叶,很好地生活,并羽化成蛾,繁殖后代。

人们把从稻田里采集的赤眼蜂,放进这种工厂,赤眼蜂对于新的地方一点儿也不感到陌生,而是很高兴地在蓖麻蚕卵里安排了自己的后代。

至此,第二道工序就开始了。

人们把赤眼蜂寄生的卵,放在特制的饲养笼里。四五天以后,卵就变为黑色,再过一两天,赤眼蜂就羽化了。这时候的卵最适于释放。

释放的时候,把这些粘有寄生卵的纸,拴在水稻的茎、叶上,让赤眼蜂自己羽化出来。由于赤眼蜂的飞翔能力非常弱,因此,释放时应该多设几个点。一般是每亩要有三四个释放点。

稻田里有了赤眼蜂这样一支突击部队,许多水稻螟虫在卵期就被消灭了。

屡建战功

赤眼蜂是灭虫的多面手。

赤眼蜂能寄生在50多种昆虫的卵内。近几年来,人们在利用赤眼蜂防治水稻螟虫、棉铃虫、松毛虫、玉米螟、稻纵卷叶螟等方面,都取得了较好的效果。

广西、广东等省曾利用赤眼蜂防治甘蔗螟。广东省防治面积已达20多万亩,一般放蜂区可把螟害率压低到1%,每亩能增产800～1400斤。

湖北、安徽、江西、广东等省利用赤眼蜂防治水稻螟,每亩放蜂24000只左右,结果卵块寄生率为95%,卵粒寄生率达80%左右,治螟效果达87.5%。

江西、广西、江苏、广东、湖南等省利用赤眼蜂防治稻纵卷叶螟,一般卵寄生率在80%以上,卷叶率相应下降90%左右。

赤眼蜂也是松毛虫的劲敌。据安徽、吉林、河北等省实验,均取得良好效果。河北省青龙县肖营子乡西庄子村释放赤眼蜂17000多亩,对松毛虫寄生率达76%。这个大队的3000多亩松林,通过释放赤眼蜂,结合化学防治,使虫子的密度由原来的每株100~1000条降低到0.2条,而单用化学防治的每株为5~6条。

赤眼蜂还能在玉米田里纵横驰骋,致玉米螟于死地。河北、山东、吉林、安徽、江苏、广东等省,利用赤眼蜂防治春玉米螟,卵寄生率可达70%以上,平均每亩增产20.4~84千克。

人类对于自然规律的认识,是一点一滴地积累起来的。对于赤眼蜂的利用,也还需要继续进行研究,使它们在消灭害虫的战斗中,发挥更大的作用。

九、一网打尽

独具一格

南阳诸葛亮,稳坐中军帐;

摆开八卦阵,单捉飞来将。

这个谜语指的是人人都熟悉的蜘蛛。

顺着历史的脚印追溯,早在明朝李时珍的《本草纲目》一书中就曾有"设一面之网。物触而后诛之。知乎诛义者。故曰蜘蛛"的记载。它的名称也由此而来。

蜘蛛的种类繁多,我国已发现的有1000多种,仅稻田中估计就有100种以上。它们的踪迹遍布各处:有的生活在房屋的角落里;有的活跃在灌木间;有的栖息在乔木上;有的结网于草丛中;有的为求食到处游猎;有的在土中掘洞穴居；有的甚至在水下建巢栖息。

蜘蛛多数能纺丝。幼蛛利用游丝飘到高山顶上；定居的蜘蛛用坚韧而富有弹性的丝建筑居所；游猎的蜘蛛巡游各处，猎捕害虫，在它们经过的通道上留下"蛛丝马迹"；而大多数蜘蛛用丝编织罗网。

结网捕食，是蜘蛛独具一格的"绝招"。在结网蜘蛛中，因习性不同结网的形状也不同。有天幕网、漏斗状网、不规则网和盆网等。其中最精致的便是夏、秋季早晨，我们在田间经常见到的车轮状圆网，在放射状的蛛丝上，挂着晶莹的露珠，俨然像个八卦阵。

名列前茅

蜘蛛的"食谱"，花样繁多。各种昆虫、蜈蚣、马陆、蚯蚓等都是它的家常便饭。有时甚至能捕食比它身体大好几倍的小鸟改善生活。而田间蜘蛛，大多以捕食害虫为生。

蜘蛛的取食，也有独到之处。面对捕获物，不是马上狼吞虎咽地吃掉，而是先用"牙"刺入捕获物的体中，注入毒液，使其处于麻醉状态，然后再慢慢地吸食。

在水田、旱地和果园中，蜘蛛的数量多得惊人。我国的科学工作者，在江苏曾调查了水稻、棉花、小麦等各种田块，发现蜘蛛的数量在捕食性天敌中名列前茅。在棉田中，它比瓢虫、草蛉、猎蝽、小花蝽等所有捕食性天敌的总和还要多；在水稻和绿肥田里，蜘蛛数量占了整个捕食性天敌的80%左右。1975年，据江苏省宜兴县十里牌乡调查，在每亩小麦田中有蜘蛛3万~5万头；每亩绿肥留种田中则多达97万头。只见田面植株间蛛网密布，蚜虫被捕食殆尽。

蜘蛛控制害虫的能力是非常可观的。1974年，有人在盆栽的三株棉花上，发现有七头草间小黑蛛结了简单的丝网。就在这三株棉花上，接种了很多棉铃虫卵，共孵出幼虫308条，可是隔三天后检查，活的仅剩一条，其余的都被蜘蛛消灭了。后又发现，在棉田中，当七月底、八月初棉铃虫第三

代发生时，平均每 100 株棉花上，有蜘蛛 115 头，对捕食棉铃虫也起了十分显著的作用。

稻田中的蜘蛛数量也很多。据浙江省吴兴县调查，发现每亩未用药的早稻田中，约有蜘蛛 9 万～13 万头。每亩晚稻田中也有蜘蛛 17 万～20 万头。叶蝉和稻飞虱是水稻的主要害虫，而稻田蜘蛛，如草间小黑蛛、稻田狼蛛、八点球腹蛛、日本球腹蛛、长脚蛛和食虫瘤胸蛛等，正是以叶蝉和稻飞虱为食。一头稻田狼蛛，平均每天可捕食黑尾叶蝉 3～4 只，可捕食稻飞虱 5～7 只，连体型微小的食虫瘤胸蛛平均每天也能捕食 2～3 只黑尾叶蝉和稻飞虱的成虫。据室内饲养观察，一头饥饿的长脚蛛在一昼夜之间取食的叶蝉和稻飞虱竟多达 30 只。

福建省福州市郊在利用蜘蛛防治稻飞虱方面初步收到了一些效果。他们的早稻，后期每亩有稻飞虱 30 万～50 万只，同时，也有稻田蜘蛛 10 万～30 万头。结果在未使用农药的情况下，就控制了稻飞虱的危害。

布下天罗地网

你也许会想，如果能把蜘蛛请到农田里，布下天罗地网，消灭害虫，那该多好啊！

浙江省吴兴县青山乡，已在蜘蛛大量产卵期收集卵囊，放到几亩稻田中，用来防治叶蝉，收到了很好效果。江苏省东台县也曾实验，把苕子留种田内的大量蜘蛛搬迁到棉田，用来控制棉蚜，收效显著。

现在，科学工作者正在深入探索对蜘蛛的利用问题。有人提出设想：在夏秋季节，蜘蛛大量产卵时，可收集卵囊保存于摄氏零度的冰箱中，当田间害虫将发生时，把低温下保存的卵囊取出，放入 25℃温箱中催孵，待幼蛛出齐后，可喷洒乙醚使之麻醉，以便移到田间释放。

尽管当前对蜘蛛的保护和利用，还有不少问题，有待进一步的研究，但是，蜘蛛作为生物防治中的重要角色，将是大有发展前途的。

十、自取灭亡

蛾子的“约会”

有一位昆虫科学家，曾经研究了一种夜蛾的奇怪现象。他做了这样一个实验：在一个夏日的薄暮时分，把一只未受精的雌蛾装入铁丝笼子里，放在树林中，不到半小时，许多只雄蛾，好像听到了“情人”的召唤，纷纷赶来“赴约”。

它们扑着翅膀，绕着铁丝笼子飞。一会儿飞上，一会儿飞下，一会儿飞走，一会儿又飞回来。就这样，每晚至少有20多只雄蛾，来向这位被囚禁的“公主”“求爱”。

这种蛾子在当地是不多的，可是，连着三天晚上，竟捉了整整64只雄蛾。

后来，这位昆虫科学家，又在一部分雄蛾身上涂了颜色，带到离这所房子6～8公里的地方去放掉。可是，这些蛾子很快又飞回来了。这种不善于直线飞行的蛾子，平日飞得很慢，然而，这一次却恰恰相反，雄蛾只用了40～45分钟就飞完了这么长的路程。

奇怪的是，当把这一只雌蛾关进另一只透明而不通气的玻璃箱中时，却没有任何一只雄蛾飞来。

这又是自然界的一个“谜”。

自 投 罗 网

昆虫的“求偶”习性，是自然界的规律之一。人们掌握了这一规律之后，就可以利用“性引诱法”来消灭害虫。

我国的科学工作者，曾采用过这种方法。在夏天防治甘薯螟时，捉一两只未受精的雌蛾，放进通风透气的笼子里，笼下套放一盆水，水中滴一些煤油，然后，放置在甘薯地里，引诱周围地里的雄蛾飞入水中触油而死。

上面这种方法，不但对甘薯螟有效，对两种森林害虫——舞毒蛾或棕尾毒蛾也都有较好的效果。

你一定急于知道：究竟是什么指引着雄蛾找到了它的“配偶”呢？

原来，雌蛾腹部末端有一种腺体，雌蛾就是利用这种腺体释放出来的挥发性物质引诱雄蛾进行交配。而雄蛾则借助位于触角上的嗅觉器官来察觉雌蛾放出来的气味物质，并辨别出雌蛾的位置。如果我们将雄蛾头部两根触角剪去，雄蛾就无法判定雌蛾的所在，即使将它们放在一起，雄蛾也无法找到雌蛾。但是，如果我们把性成熟而未交配过的雌蛾腹部剪下，用有机溶剂提取，再将提取物滴在滤纸上，就会诱来许多雄蛾。这充分说明，在每一种雌雄蛾之间，是用一种有气味的物质保持相互联系的。人们把这种物质称为“昆虫性引诱剂”，也叫做“性信息素”。

绝大多数昆虫的性引诱剂，都有它的特异性，就是说，只能引诱同种昆虫。如红铃虫性引诱剂只能引诱雄性红铃虫，玉米螟性引诱剂也只能诱来雄性玉米螟。

性引诱剂是昆虫在性成熟之后释放出来的极微量物质。而就是这么一点点物质，它们挥发在空气中的气味，竟能把远处的雄蛾诱来。这种神奇般的作用，引起了科学家的极大兴趣。

前途广阔

经过艰苦的探索，科学家终于首先弄清楚了家蚕、舞毒蛾的“性引诱剂”的成分，他们不仅能从这两种昆虫体内提取这种物质，还能够用化学方法人工合成。

这两种昆虫的“性引诱剂”都是复杂的有机化合物。前一种叫“蚕醇”，后一种叫“舞毒蛾醇”。

这种“性引诱剂”的活性很大。试验证明：只要一个分子的蚕醇就可以引起雄蚕蛾的反应。这就无怪乎在几公里之外，雄蛾就能感知雌蛾的“召唤”，纷纷前来“赴约”。

人们把提取的“舞毒蛾醇”涂在树干上，可使三公里外的雄蛾“闻香”而来。这样，人们就可以根据诱来的雄蛾的数量，准确地掌握害虫当年发生的数量和消长规律，进行害虫发生期的短期预报和防治。

更有趣的是，采用这种方法引诱雄蛾，集中消灭，就使得雌蛾一个个都成为“寡妇”，失去受精产卵的机会，断子绝孙。

我国科学工作者经过不断摸索，反复实践，终于在较短的时间内，成功地提取了红铃虫、马尾松毛虫、梨小食心虫、梨大食心虫、玉米螟、棉褐卷叶蛾、甘蔗二点螟和稻螟蛉等性引诱剂。同时，还人工合成了红铃虫和梨小食心虫性引诱剂等，为用性引诱剂治虫创造了条件。

性引诱剂是治虫的新式武器。

1976年，安徽省阜阳县的一些村，在1200亩棉田上实验，每亩设两个诱盆，每盆用0.1～0.5毫克人工合成的红铃虫性引诱剂，与对照田相比，平均花害率减少45%，铃害率减少52%，籽棉含虫量减少68%。

还有些单位试验用“迷向法”防治红铃虫。他们将十对性成熟红铃虫蛾子，放到充满人工合成的性引诱剂气味的笼内，发现雌蛾和雄蛾并没有发生交配。他们认为，这是因笼内人工合成的性引诱剂气味使得雄蛾无法区别出，哪是由雌蛾所释放出来的性引诱剂，而迷失了去会雌蛾的方向。根据这种情况，如果人们在大田喷洒人工合成的性引诱剂，或者在大田散布大量含有性引诱剂的纸片，使雄蛾真假莫辨，无所适从，这也同样可以阻碍害虫的正常交配。

将来，一定还会出现更多、更新奇的性引诱剂。那时候，从事这项研究的人员也会越来越多，而其中可能有你也有我。

十一、雄∶雌=1∶0

雄∶雌=1∶1

喂鸡、喂鸭，人们都喜欢喂母的，因为母的能生蛋。要是孵一批小鸡和小鸭，能有绝大部分是母的，那该多好呀！然而，事实上却办不到。每一批小鸡和小鸭孵出来，差不多总是：

雄∶雌=1∶1。

饲养奶牛和奶羊的牧场，总是希望多生小母畜。但是，有些牧场的任务是提供更多的肉食牛、羊，或是提供更多的畜力，所以，他们希望多产些公畜。养蚕厂因为雄蚕结的茧子大，出的丝多，也总希望多孵出一些雄蚕。可惜所有的家畜和家蚕的后代，也差不多总是：

雄∶雌=1∶1。

有没有办法控制动物的性别呢？

这不仅是生产中需要解决的实际问题，而且也是很有意义的科学研究课题。

根据历史记载，远在古希腊时代，就有不少科学家对这个问题进行了研究。然而，直到目前为止，这个问题还没有全部获得解决。

现在，科学工作者正在深入进行这方面的研究，企图用控制性别的办法，来达到消灭害虫的目的。

这有可能吗？

让我们看看下面的事实吧！

有希望的线索

我们已经知道，舞毒蛾是凶恶的森林害虫，能给森林带来极大的灾难。

在防治舞毒蛾的工作中，人们调查研究了世界各地的舞毒蛾遗传特征。结果发现:由日本开始，经过西伯利亚到欧洲，由欧洲再到美洲，各地舞毒蛾在性比例上，有一个规律性的变化。生活在日本森林中的舞毒蛾，多数只有一个“雄性决定基因”，使得它的后代都偏于雄性，本来应该发育成雌性的也变成了假雄性或中性。因此，在自然界里雌性成虫数目很少，当它们碰上一个带有这种基因的雄虫，并跟它交配之后，产下的后代中，有一半又获得了这一基因，产生了中性或假雄性个体。因此，在日本，虽然也有舞毒蛾，却从未造成灾害。

由日本往西，在西伯利亚的舞毒蛾群中，带有这个基因的个体减少了，因此，有时候就能引起灾害。到了欧洲，舞毒蛾具有这个基因的个体就极少了。美国的舞毒蛾是由法国传播过去的，在美国的舞毒蛾群体中，几乎不存在这个基因，因而，它们产下的后代中是:

雄：雌=1：1。

这样，它们的繁殖率就大大增加了。因此，在美国和加拿大，舞毒蛾给森林带来严重威胁。

那么，能否根据发现的这一规律，把对舞毒蛾的防治工作，向前大大推进一步呢?

断子绝孙

在调查了舞毒蛾的上述遗传特征之后，已经有人初步作了实验，把日本的舞毒蛾(称为强宗)带到加拿大，与当地的舞毒蛾(称为弱宗)交配。果然，它们产下的后代中，雄虫特别多，雌虫大大减少。因此，目前有人设想，大批地培养这种“强宗”的舞毒蛾，不论雌雄，都把它们释放到自然界中去，使它们与自然界“弱宗”的舞毒蛾交配。

据估计，在用杀虫药剂防治之后，再释放大批这种个体，连续几年，将有可能使舞毒蛾的后代达到:

雄：雌=1：0。

我们可以满怀信心地预言：舞毒蛾离断子绝孙的日子已经不远了。

十二、绝育——灭虫的新策略

一桩奇事

怎样才能彻底消灭害虫呢？这是人们共同关心的一个问题。由于广大科学工作者们紧密合作，深入研究，这方面不断获得重大成就。

请看下面的事实。

在加勒比海的山尼贝尔岛上，出现了这样一桩奇事：原来岛上有一种害虫，名叫螺旋绿蝇，活动十分猖獗。可是，在三个月之内，完全不见了。

多奇怪！

哪儿去了？迁移了吗？撒过杀虫药，或者大规模诱捕过吗？

都不是。

唯一的线索是：在这期间，每天都有一架飞机在岛的上空低低飞过，并且在平均每平方公里的土地上，撒下了约40只螺旋绿蝇。

螺旋绿蝇，是热带地区严重危害家畜的一种害虫。它红头绿体，比家蝇还大3倍。雌蝇跟雄蝇一生交配一次，交配后总喜欢在牲畜身上产卵，卵孵化成蛆，钻入牲畜体内，使牲畜的健康受到严重影响，甚至死亡。

据估计，在整个美洲，每年由于螺旋绿蝇的危害，要损失几十万头牲畜。其中有一个国家，由于螺旋绿蝇的危害，每年在牲畜方面要损失2000多万美元。

人们为了消灭这种害虫，绞尽了脑汁，使用了各种杀虫药剂，但效果都不能令人满意。

那么，为什么在这三个月之内，飞机向下撒了螺旋绿蝇，岛上的螺旋绿蝇反而绝迹了呢？

难道异地的螺旋绿蝇会互相残杀吗?

不,它们相处得非常和睦,甚至互相“求爱”,结了不解之缘呢。

这是怎么一回事呢? 要回答这个问题,还得从头讲起。

科学家变的戏法

科学家发现,X 射线及放射性物质放出的丙种射线,可以破坏动物的生殖机能。于是,有人就联想到:如果培育一批失去生殖能力的雄性昆虫,把它们释放到自然界中去,雌性昆虫和这样的雄性昆虫交配后所产的卵,必然不能孵化。这样,一代复一代,不就可以使害虫自然灭绝了吗?

昆虫科学工作者进行了实验,他们选用了一批螺旋绿蝇,用钴—60 的放射性同位素进行辐射,获得了成功。奇妙的是,经过辐射处理的雄虫,除了失去生殖能力以外,毫无其他生理缺陷。这种蝇释放出去,照常寻找自然界的雌蝇交配,但雌蝇产的卵却孵化不出幼虫。

在加勒比海的山尼贝尔岛上,用飞机撒下的螺旋绿蝇,就是这种经过辐射处理的不育性雄蝇。结果是,一部分正常雌蝇由于与这些不育性雄蝇交配,有的不能产卵,有的虽然能产卵,但这种卵不能孵化出幼虫。这样,每释放一次不育性雄蝇,岛上的这种害虫的数量就减少一些,释放了多次以后,终于使这个岛上的螺旋绿蝇断子绝孙,荡然无存。

这个成功的事例,引起了各国的重视,并认为这是 20 世纪在害虫防治上的一个奇迹。因此,许多国家的科研人员,都在这方面进行研究。除了螺旋绿蝇以外,人们还选择了一些其他的农林害虫,如玉米螟、松毛虫等,作为研究的对象。

我国的科学工作者,对害虫的辐射绝育也进行了探讨和试验。如他们用丙种射线处理松毛虫,造成雄性不育,虫卵的孵化率最多达 5%。

这是一个可喜的收获。

未来的探索

辐射绝育虽然有很大的优越性，但是，这个方法也是有局限性的。如在防治螺旋绿蝇时，是在室内饲养大批害虫，然后利用丙种射线造成不育的。在这一成功的事例中，所花费的人力、物力是惊人的：一幢大楼，几百个水泥池，几百吨马肉作培养基，并且还要设置钴—60照射的特殊设备。饲养处理好的螺旋绿蝇要装纸盒，用飞机一次又一次地释放。

另外，还有释放害虫的问题。假若为了防治家蝇、蚊子，而大量释放这两种害虫，恐怕就很难行得通。

看来，这种方法，还值得进一步研究。

有人也曾提出这样的建议，能不能用喷药的方法，喷洒一些化学物质，使害虫接触或是吃了以后，失去生殖能力呢？

人们在这一方面也进行了研究，并且制造成功了几种“化学不育剂”，同样可以破坏害虫的生殖机能。

当害虫食用了不育剂后，雄虫不育，雌虫也不再产卵。但是它们还保持着交尾的能力，并能和未食用不育剂的害虫争夺交尾的机会，但最后将导致种族灭绝。经过对家蝇、厩蝇和蟑螂进行的实验证明，这种方法是可行的。

化学绝育的优点是使用方便，成本较低。只要把药物和饲料混在一起，可以让害虫自行觅食。但是，目前的化学不育剂还存在着不够理想的地方。例如，这些药剂多数是“口服”的，对生有刺吸式口器的害虫就不适用；再是，施放化学不育剂后，对所有昆虫都有发生绝育的效果。那么，怎样保护益虫，使它们不受损失；怎样使化学不育剂对人、畜无害，都还需要进一步研究。但是，毫无疑问，绝育——这种灭虫的新策略，将是今后改造昆虫世界的重要武器之一。

绿色大夫

在生命之网中，害虫能影响作物的生长，有些作物也能抑制害虫的活动。比如大蒜、西红柿、薄荷等，都能以它特有的气味，吓得某些害虫“闻风而逃”，不敢靠近。

一、有趣的自然现象

植物的分泌物质

一束玫瑰，是香的；一把臭椿，是臭的。辣椒有一股辣味；芹菜有一股药味；番茄的叶子还有一股怪味。很多植物都是这样，能够放出一股特殊气味：有的芬芳馥郁，有的臭气熏人，有的辛辣刺鼻……

夏日的清晨，在卷心菜、芋头的叶尖上，常常可以看到一滴滴晶莹的水珠。你会认为这是朝露吧，其实，这是植物分泌出来的“汗珠”。有人观察到，有时池塘边的垂柳所分泌的“汗珠”，在微风吹动下，竟雨点般地洒落在水面上，激起阵阵涟漪。热带有种青芋，叶尖有时能在一分钟内分泌出200多滴水来。还有一种大树，名叫“哭泣树”。树叶分泌的水珠纷纷落下，就像哭泣一样。

蒲公英被碰破了一点皮，马上流出白色的乳汁，好像“流血”似的。桃树被砍伤了,伤口也会流出棕黄色的树胶。

植物的花朵、果实和叶子会散发气味,会“出汗”,甚至会“流血”。那么,植物的根呢?是否也会分泌出一种具有特殊功能的物质呢?

回答是肯定的。只不过由于这些分泌物随时被土壤吸收,被土壤微生物分解,不易被人们发现罢了。

一道“生物防线”

我国的科学研究人员,通过研究几十种植物的根分泌物,发现所含有的近百种物质中,最主要的是各种可溶性碳水化合物、有机酸、氨基酸、维生素、酶等。这些分泌物被土壤吸收以后,能使土壤变得更有利于植物生长,特别是有利于土壤微生物的生长。一般说,一克普通土壤约有20000~30000个微生物,而一克根际土壤中的微生物可以达到近十亿个。

不过,并非所有的微生物都能在根际土壤中生长。许多植物根的分泌物,能抑制一些不利于它的微生物繁殖。在根分泌物影响下形成的根际微生物,同根分泌物一起,组成了一道“生物防线”。它环绕在植物根系周围,只准有利于植物生长的物质通过,一些有害于植物生长的物质和微生物被阻止进入,甚至被消灭。

有人曾分析过不同品种棉花的根分泌物,从中发现:那些抗棉花根腐病的品种,它的根分泌物中,有一种能抑制根腐病菌生长的水氰酸;那些容易感染根腐病的棉花品种,它的根分泌中就没有这种物质。同样,葱、蒜、艾等的根分泌物,也都含有某些杀菌的物质。

那些受到根分泌物刺激而大量繁殖的根际微生物,又能分泌出大量的营养物质和刺激物质,反过来刺激和促进植物生长,如根瘤菌就是一个典型的例子。因此,根际微生物不仅是植物根系的一道“生物防线”,而且是一座“生物工厂”。它们能使土壤中许多不能被植物吸收和利用的物质转变成为植物能吸收利用的物质。正因为这样,根际土壤中的可溶性养分,比一般土壤中多得多。

科学家们在研究植物分泌物质的种种现象中，发现了许多更加有趣的故事……

二、"邻居"之间的纠纷

争夺地盘

俗话说："人非草木，孰能无情"。草木果真无情吗？

其实不然。

如果把两种庄稼种在一起，会出现很有趣的现象。有的能和睦相处，相互助长；有的却像冤家对头，经常闹别扭，不是一方被削弱，就是两败俱伤。

实践证明，植物在生长过程中，需要阳光、水分、空气以及各种养料。几种植物生长在一起，它们之间就会发生激烈的竞争，闹"邻居"之间的纠纷。

当然啰，植物是不会吵嘴打架的。然而，它们分泌的特殊物质，往往是排挤其他植物的手段。

白屈菜、车前草等植物能散发一种阻止别的种子萌发的气味，使其他植物的种子在它的周围难以萌发。所以在播种的时候，我们要注意清除这些杂草。

如果把芥菜和蓖麻种在一起，尽管蓖麻比芥菜高大粗壮，在争夺阳光、空气、水分等方面都有优越的条件，而蓖麻下部的叶子却大量枯黄而死。这又是怎么一回事呢？原来，芥菜所分泌的物质能伤害蓖麻。

把茴香和艾种在一起，茴香受不了艾的气味，长得只有正常的六分之一高。如果把芜菁和番茄种在一起，芜菁也总是长不好。

卷心菜的分泌物可以伤害葡萄；而当卷心菜和芥菜间作时，就要两败俱伤。

在树林里，如果栎树旁边生长一棵榆树，栎树的枝条就会背向榆树生

长，好像说：俺惹不起你，还是躲得远一些……

杂草和庄稼

杂草多了会影响庄稼生长，这是为什么呢？

我想每个读者都能回答这个问题。

因为杂草夺取了庄稼的养料、水分和阳光。

当然，这个回答是正确的。然而，有时也并非如此。

假若有一株苦苣菜生长在地里，那么，周围的庄稼，甚至高秆作物，都会渐渐枯萎死亡。

原来，这些杂草的根分泌物含有一种毒素，能抑制或杀死周围的农作物。

同样，当庄稼生长旺盛时，杂草得不到充分的养料、水分和阳光，也难以生长。有些杂草的种子甚至不能发芽。这是因为，某些农作物的根分泌物对某些杂草也有抑制作用。像大蒜，它的根就能分泌一种物质，使杂草不能在它的附近生长。

亲爱的读者，当你读到这里的时候，也许会惊讶地说：“植物之间还有这么多有趣的故事呀！既然这样，在安排作物的间作、套作、混作和轮作时，不仅要考虑水分、养分和株形等因素，而且也应该考虑植物分泌物的影响了。”

对。这种考虑是完全正确的。也只有这样，才能进一步促进农业丰收。

我国劳动人民，在长期的生产实践中，在这方面创造了极其丰富的经验。

下面谈的事实，就是有力的证据。

三、和睦相处

同生共长的“友谊”

植物之间也有好“邻居”，它们能同生共长，和睦相处。

就拿玉米和大豆来说吧，它们是一对有名的“田间密友”。我国农民很早以前就把它们种在一起。

据研究，豆科植物根须上的根瘤菌，能把空气里的氮素固定在土壤里。一亩地每年大约能留住 12 斤氮。而氮素养料是最对玉米“口味”的，玉米守着大豆这位好“邻居”，一般不会得“营养不良症”了。

马铃薯同大麦间作，大麦能获得较高的产量。这不仅因为这两种作物所需要的养分有所不同，可以充分利用地力；而且，马铃薯分泌出的一种物质，能刺激大麦生长。

这种同生共长的“友谊”是牢不可破的。

忠实的“保健医生”

植物分泌出来的物质，还常常能对付那些伤害它们的病菌。

大葱，大蒜、韭菜等很少害病。因为病菌怕它们散发出来的那股子怪味。

农民常常利用它们来保护一些爱生病的庄稼。

当棉花由于多年连作而容易发生根腐病的时候，有经验的农民，就把连作棉花改为跟豆科作物轮作，就是因为豆科作物的根分泌物和它所繁殖的大量微生物，能防止或抑制根腐病菌的生存和繁殖。

大白菜也常常发生根腐病，人们就请韭菜来做大白菜的“医生”。韭菜的根能分泌出一种杀菌素，可以使大白菜终生安然无恙。

如果把圆葱和大麦或豌豆间作，那么，圆葱的分泌物在几分钟内，就能把大麦黑穗病菌的孢子或豌豆黑斑病菌置于死地。就像一位忠实的“保健医生”，把保证它的“邻居”的健康，当做自己义不容辞的光荣职责。

给庄稼选择“邻居”

植物分泌出来的物质，还常常能对付危害它们的害虫，使得害虫“闻风丧胆”，不敢靠近。

菜青虫最爱欺侮卷心菜。每年 6 ~ 10 月，菜青虫活动猖獗时，人们常用喷药来对付它。这虽然是一个行之有效的方法，但成本比较高。400多亩卷心菜，一个季节喷药大约就要花费3000元，喷药过多还会带来某种药害及残毒积累问题。

上海郊区的菜农，在生产实践中发现：在大面积的卷心菜田里，一群群粉蝶飞舞盘旋；但在卷心菜旁的莴苣田里，即使有几只飞到那里，也转不了几圈，又很快逃走了。

这是为什么呢？

原来，菜粉蝶嗅觉比较灵敏，莴苣散发出的那种刺激性的苦味，使得它简直不敢靠近。

这样看来，如果把卷心菜和莴苣间作，不就可以达到驱逐粉蝶的目的吗？

上海郊区的菜农进行了尝试，并进行了对比试验。结果，没有间种莴苣的卷心菜，尽管喷了药液，还是大部分受了不同程度的虫害，而同莴苣间种的卷心菜，被菜青虫咬过的还不到五分之一。

大蒜可以与棉花间作，大蒜分泌出来的植物杀菌素——大蒜辣素，能把棉蚜“驱逐出境”。别的害虫嗅到这个要命的气味，也会“闻风而逃”。因此，大蒜就是棉花的一位好“卫士”。

大葱、圆葱与某些瓜类、豆类间作，抑制蚜虫的效果相当好。如果丝瓜与茄子间作，能使茄子免遭红蜘蛛的危害。如防治豆金龟子，可以在大豆地边种几株蓖麻。豆金龟子最怕蓖麻的气味，这样，它们对大豆也只好“敬而远之”了。

有些植物还有对付害兽的本领。有人曾经在果园里种上许多苦艾。田鼠和野兔怕苦艾的气味，就不敢来捣乱了。有些沙漠和山谷里，有一种叫鼠见愁的植物。如果利用它来编草垫，做扫帚，那么，家里就不会出现老鼠了。

细 菌 战

大家知道,有些微生物能使人畜害病,有些微生物却从不“侵犯”人畜,而专门“进攻”某些害虫,使得害虫丧生。因此,生物科学家便想到用微生物,对害虫进行一场“细菌战”。

一、活的杀虫剂

从一次实验谈起

卷心菜正被大批粉蝶幼虫蹂躏着。

科学家开始了他们的灭虫实验:在菜地里喷洒了微量的灰白色粉末。撒药时,他们没有穿防护衣,显然这不是常用的毒性药粉。

妙极了,仅仅过了两天,菜地里的菜青虫全部死了,遍地都是菜青虫的尸体。

这是一种什么样的杀虫剂呢?

在实验室的桌子上,放着一台显微镜。如果你通过目镜窥视一下,将会有大量的细菌出现在你的眼前。

这是一种新的杀虫剂——“活的杀虫剂”。

原来,昆虫也和人类、牲畜等动物一样,能由细菌引起疾病。

细菌随着食物进到昆虫体内以后，先使昆虫的消化器官得病，症状是食欲不振，接着又从嘴里和肛门里流出臭水来。这些臭水粘到食物上，又可以把病菌再传给其他的昆虫。也有些细菌，还能从昆虫的消化器官侵入“血液”，同时引起“败血症”。

昆虫由细菌引起疾病后，身体都发软，所以也称为“软化病”。

你也许会想，是不是能利用细菌在害虫群里造成一种大“瘟疫”，从而达到消灭害虫的目的呢？

多少年来，科学家们就在进行这方面的研究。

远在古希腊时代，亚里士多德就已经注意到蜜蜂生病的情况。19世纪，有的科学工作者也曾证实过，蚕儿所患的疾病，有的是由细菌引起的。

1909年，德国科学家贝尔林耐，在德国苏芸金地区的一个面粉厂里，发现了一种杆菌。这种杆菌能使地中海螟虫幼虫染病。1915年，贝尔林耐为了纪念这种杆菌的最早发现地，就把它定名为“苏芸金杆菌”。

苏芸金杆菌，对鳞翅目害虫有致命的威胁。只要把它喷洒在作物上，害虫咬食作物时，就把菌体带入体内。这种细菌能在害虫体内产生一种蛋白质结晶毒素，破坏害虫的消化道。害虫感染了这种杆菌后，即开始厌食，拉稀，体色变暗，一般在48小时之内就瘫痪软腐而死。

威力无穷

目前，世界上有许多国家设有专门“工厂”生产这种“活的杀虫剂”。

我国生产的苏芸金杆菌，是一种可湿性粉剂。每克菌粉中约含有300亿个活的苏芸金杆菌的孢子，使用时加水喷洒，每亩只需要二两左右。

苏芸金杆菌特别适用于森林害虫。因为森林的环境比较稳定，比较适合于病菌生活。据实验证明：苏芸金杆菌对松毛虫、油茶毒蛾、杨树天社蛾、天幕毛虫、舞毒蛾、栎毛虫、避债蛾等森林害虫，都具有良好的杀虫效果。例如，用这种菌剂消灭松毛虫，在喷洒72小时后，死亡率可达到80%～90%。它也能防治农业害虫玉米螟、菜青虫、红铃虫和粘虫等。

不仅如此，苏芸金杆菌剂还能够“分清敌友”。它绝不伤害蜻蜓、螳螂、食虫椿象、食蚜虻和寄生蜂、寄生蝇等益虫。而使用其他化学药剂，往往能使害虫和益虫“同归于尽”。有些常用化学药剂的地区，往往由于天敌被误杀，给害虫再度猖獗创造了条件。

苏芸金杆菌对人畜也没有什么毒害。谁都知道，水果和蔬菜在收获期前，是不能使用有毒杀虫剂的，然而，使用这种“活的杀虫剂”，却是万无一失。

苏芸金杆菌的“战友”

人们受了苏芸金杆菌的启发，又从细菌的“宗族”中，培养了一些灭虫的新“兵种”。

豆金龟子是由日本传播到美国的一种危害严重的害虫。几十年来，为防治这种害虫，美国耗费了巨额资金，但效果不大。后来，发现有一种杆菌能使豆金龟子引起“流乳病”。于是，从 1941 年起，开始用人工培养这种细菌，然后把细菌孢子混入土壤内。四年以后，豆金龟子幼虫由原来的每平方米 44 头减少为 5 头以下，至此，豆金龟子的危害问题才获得解决。

令人兴奋的是，我国的农业科学工作者，近年来，也从细菌中培养出了灭虫的后起之秀。

这就是“杀螟杆菌”和“青虫菌”。

杀螟杆菌是能防治多种害虫的细菌农药，对于稻苞虫、稻纵卷叶螟、螟虫、菜青虫、小菜蛾、棉花灯蛾，卷叶蛾、松毛虫等都有较好的防治效果。例如湖南省宁远县施用杀螟杆菌的稻田，杀螟率达 60% ~ 70%，白穗降低到 5%左右；该县黎壁村在 80 亩晚稻田施用杀螟杆菌，稻枯心率只有 1%。

青虫菌是防治稻苞虫的“能手”。上海县马桥乡曾用青虫菌防治稻苞虫。在用药三天后害虫死亡率达 85.2% ~ 94.8%；四天后死亡率达 100%。上海崇明县新海农场，用青虫菌 400 克，加入 25%的滴滴涕 400 克，兑水 2500 克配制药液，在 500 亩稻田上用飞机喷雾，三天后稻苞虫死亡率达 88%。

青虫菌也是剿灭菜青虫的“干将”。用这种菌制成的菌粉，喷洒在受虫害的蔬菜上，两天后，就有97%以上的菜青虫染病死亡。

1976年以来，我国云南省的科学研究人员，又分离出一种新的菌株，“17-1菌株”。用它生产的菌粉，在姚安县35000亩稻田施用，对水稻三化螟的防治率达到75%~96%，使水稻增产一成左右。

随着科学事业的发展，人们对研究杀虫细菌的兴趣，也越来越浓厚。

有人发现，还可以利用某些微小的生物去代替人工播撒细菌。

对于一种危害苹果的毒蛾，一般的杀虫剂都不奏效。因为它们在幼虫的初期已经钻进苹果心里，边吃边长大。后来，有人发现了一种巧妙的防治方法：当这种毒蛾幼虫在树干上越冬时，向果树喷洒成千成万个极微小的线虫。线虫身上带有能杀死毒蛾的病菌，可以寄生在害虫的身体内。这样，当它向越冬的毒蛾袭击时，就会给幼虫的皮下“注射”病菌，使越冬的毒蛾幼虫染病死亡。

二、僵化而死

屡见不鲜

人们对于自然界的了解，往往是从细微的观察开始的。

苍蝇，是我们每个人都熟悉的昆虫，它对人的危害，也是众所周知的。

然而，多数人只知道苍蝇是人类传染病的媒介，却不曾想到，苍蝇自己也会生病。

夏天，有人就发现：一些苍蝇会停在那里一动不动，硬邦邦的僵化而死。

早在19世纪，有人就注意了这一现象。经过研究，发现这是由一种真菌——蝇霉，在苍蝇身上寄生而引起的。

那么，真菌是怎样杀死害虫的呢？

真菌是用孢子传染的。孢子很弱小，随风传播。它黏附在害虫身上以后,在温度和湿度适宜时,就发出芽来,穿透害虫的表皮,侵入虫体,形成菌丝。菌丝到达害虫的"血液"之后,产生一种很短的、成段的菌丝体。这些菌丝体随着"血液""周游"害虫全身,不断地侵害着虫体的脂肪和肌肉组织,直到破坏了整个虫体。

患真菌病死亡的昆虫,尸体一般都硬化,并不腐烂,所以又叫"硬化病"。

真菌在高等动物的传染病里是很少见的,但在昆虫世界里却屡见不鲜。

各显其能

蝗虫是危害很大的害虫。蝗群所过之处,往往寸草不留。然而,有一种叫蝗霉的真菌,能使蝗群发生流行病。蝗虫感染了这种病菌以后,精神萎靡不振,行动懒懒散散。临终前,它们就爬到植物的顶端,紧紧抱住植物的茎而死。因此,人们给这种病起名叫"抱草瘟病"。

养蚕区的人们都知道,一种"白僵病",能使家蚕大量死亡。这种病是由白僵菌引起的。翻开昆虫的"病历"查一查,我们会发现,至少有30种以上的昆虫受到白僵菌的侵害。其中有许多农业害虫,如苹果食心虫、玉米螟、咖啡螟、黄地老虎、草地螟、松尺蠖、蝗虫、甜菜象鼻虫、马铃薯甲虫、五月东方金龟子、松叶蜂和松毛虫等,都能患这种病。

翻开真菌的"家谱",还可以找出一些灭虫的小英雄。虫草菌能寄生在蛾类、蝇类等害虫的幼虫体内,使幼虫夭折;武氏虫草菌,是消灭松毛虫的能手之一。最近,我国科学工作者又发现一种属于半知菌类的穗状菌,专门消灭柞蚕寄生蝇的蛹。

害虫世界的"瘟疫"

真菌的家族中,既然有这么多灭虫能手,那么,怎样利用它们来达到消灭害虫的目的呢?

1958年,国外已经有人成功地运用了五种生藻菌在蚜虫中造成流行病,使得苜蓿田里的蚜虫大批丧生。

我国科学研究部门也开展了对真菌的研究,取得很大进展。在1954年发现,白僵菌和黑僵菌能致松毛虫、玉米螟、大豆食心虫等于死地。这些年来,通过广泛开展群众性的科学实验活动,在白僵菌和黑僵菌的应用方面又获得了许多可喜的成果。

广东省德庆县在200多亩松林内施放白僵菌550多千克,由于得病松毛虫的传染,蔓延到20000多亩松林,致使松毛虫的死亡率达95%以上。

南开大学生物系在河北省武清县眷兹村,用白僵菌进行防治玉米螟实验,有效率在80%以上。

但是,白僵菌寄生在蚕体后,容易使家蚕大量死亡。因此,施用时应特别注意。

众所周知,利用化学药剂杀虫是行之有效的方法。但是,有些害虫抵抗力比较强,不易被杀死。如果把化学药剂和菌制剂混在一起使用,却能获得理想的效果。实践证明,白僵菌和滴滴涕合用,对防治多种蛾类,都有显著作用。

利用真菌灭虫,虽有很多优点,但现在还是刚刚开始。需要进一步探讨分离各种致病真菌的方法;找寻新的致病真菌,让真菌灭虫在农业战线上发挥更大的威力。

菟丝子的末日

杂草是庄稼的大敌。

田野里的杂草有1500种之多，它们的生命力大多异常顽强。尽管有些土地极为贫瘠,庄稼无法安身,杂草却仍然一片茂盛。

人们曾估计过:在菜园、果园中,被杂草夺去的产量有10%左右;粮食作物的损失约有20%。从作物播种到收获的全部过程中,往往有一半以上的工作量,是花在直接或间接与杂草作斗争。

过去,人们对付杂草的武器,主要是双手和锄头。但是,这边刚把它们锄掉,那边又钻了出来。现在,随着科学技术的发展,人们已开始用现代技术与杂草作斗争。怎样利用真菌消灭杂草，这可能也是你感兴趣的问题吧！

菟丝子是一种生命力很顽强的杂草。它寄生在大豆、苜蓿等作物身上，吸收作物的营养，影响着作物的正常生长，严重时能使作物减产四分之一左右。

人们试用了各种化学除莠剂，都很难把它们除掉。

终于，传来了一个好消息：菟丝子的防除问题有希望解决了。

事情的经过是这样的：

有一位农业科学工作者，在一次田间检查时，发现长满了菟丝子的苜蓿田里，唯独有一块地方的菟丝子枯死了，它的茎好像被火烧伤了似的，无力地躺在地上。

这个奇怪的现象引起了他的注意，便请同事们一起来研究。

他们发现，菟丝子的死亡，是由于一种真菌——黑斑病菌在它身上繁殖的结果。

黑斑病菌很小，必须在显微镜下才能看到。黑斑病菌的孢子落到菟丝子潮湿的茎上以后，就发芽生长起来。不过两星期，菟丝子就被夺去了"生命"。

利用黑斑病菌消除菟丝子的方法，效果十分显著。实验田的菟丝子全部绝迹了。

现在，我国已经有了培养黑斑病菌的"工厂"，产品的名字叫"鲁保一号"。

1971年，湖北省武昌县五里界乡八个村，在1000亩农田里，用"鲁保一号"防治大豆菟丝子，效果达80%以上。目前，湖北省已在大豆菟丝子危害严重的洪湖、汉阳、广济等县广泛应用。

"鲁保一号"在安徽省也立了战功。从该省几年来在5000多亩农田中的使用情况来看，防治效果达80%～90%。

人们对于菟丝子无可奈何的日子一去不复返了。

三、速战速决

从兔子成灾谈起

1859年,有人把24只兔子带到澳大利亚。谁也不会想到,30年以后,它们繁殖的子子孙孙,竟广布全国。大片大片的庄稼、牧草、树木被啃得不成样子,农业产量急剧下降,牛羊陷于饥饿状态。

于是,澳大利亚政府就颁布了一个歼灭兔子的法令。

但是,不论采取什么措施都是白费,几百万只兔子,照样疯狂地毁灭着牧草,啃食着树皮……

人们为此伤透了脑筋。

后来,又采取了这样一种措施:在田野上开动推土机,使受惊的兔子到处奔跑,而人们拿着棍棒,跟随追打。这种情景,曾经被拍入澳大利亚的新闻影片,但还是不能把它们彻底消灭。

人们和兔子进行的这场“战争”,一直持续了半个世纪。

直到20世纪50年代,才有人想出了一个科学的方法:利用传染性很强的黏液瘤病毒,来同兔子“作战”。

黏液瘤病的病毒,很快在兔子群里传播开来。仅仅过了两年的时间,就几乎把澳大利亚的兔子消灭光了。

到此,人们和兔子进行的这场旷日持久的“战争”,才宣告胜利结束。

不同于“细菌病”

病毒能消灭兔子,也可用于消灭农作物的害虫。

患病毒病的虫子,能得一种“厌食症”,不食不动,最后身体发软而死。值得注意的是,得病毒病的害虫,虽然身体也发软,但是不会发臭味,这是同细菌病的一个明显区别。

病毒病总是在害虫的幼虫期发生，而且虫龄越小，越容易被传染。成虫虽然不会发病，但是，有许多种病毒却可以随着产卵传到下一代，使幼虫生病死亡。

得了病毒病的害虫，常常爬到植物的顶梢，用一对足紧紧抓住顶梢，一条条软绵绵地挂着死去。所以，人们把这种病叫“顶梢病”。许多种森林害虫，如舞毒蛾、僧尼毒蛾等，都容易得这种病。

仅仅是开始

科学工作者对害虫病毒病的研究，才仅仅是开始。对于病毒的分离、培养方法，正在研究摸索阶段。

现在，在灭虫工作中对病毒的利用，还只是收集这些病死的害虫，把它们的尸体研碎，加上水，再喷到植物上，来加快病毒病在害虫群里的流行。

加拿大曾利用这种方法，同危害松树的松锯叶蜂作斗争。他们把患有核多角体病毒病死掉的幼虫研成粉末，在林区撒播，在较短时间内，就使得89%以上的害虫染病死亡，真可谓“速战速决”。

现在，我国的科研人员，正在从事核多角体病毒、颗粒体病毒和细胞质多角体病毒等的研究，并取得了可喜的成果。

用多角体病毒防治松毛虫就是成功的一例。

1973 年，山东省沂南县东风林场职工用患多角体病毒病死亡的松毛虫，捣烂加水 20 倍，喷洒在林区 13 个点、片的松树上。三年来，在喷洒过的松树周围 1500 亩林区中，松毛虫病死率逐年增加；大部分林区未经药剂防治也没发生虫灾。虫的密度由 1973 年的每株 300 头左右，下降到每株 1.5 头。目前，用多角体病毒防治松毛虫的方法，已在全国各地普遍实行。

多角体病毒也是桑毛虫的劲敌。

1974 年，当江苏省宜兴县桑毛虫大量发生时，科学工作者就在古庄村桑园进行了实验。在 500 余株桑树上喷洒了含有一定数量的多角体病毒悬浮液。从第五天开始，桑毛虫大批死亡。第六天，桑毛虫死亡数目已达三分之二。20天后，桑毛虫几乎全部死光了。

多角体病毒在消灭红铃虫的战斗中也崭露了头角。

1975年，上海市南汇县的农民，用一定浓度的多角体病毒药水处理红铃虫的二龄幼虫，经过5～6天，死亡率达到79%。

近年来，中国科学院武汉病毒研究所，首次研制成功了棉铃虫病毒杀虫剂。这是一种核型多角体病毒杀虫剂。从1980年起，在13个省市20多个单位进行了实验。结果表明，用这种病毒杀虫剂防治的棉花、玉米等作物中的棉铃虫，平均虫口密度下降78%～86%，防治效果达73%以上。

利用病毒消灭害虫的好处很多。病毒的选择性较强，能致死害虫，而益虫却安然无恙。利用病毒灭虫，既能打“速决战”，在较短时间内集中消灭害虫，又可进行“持久战”。因为病毒能借助于昆虫本身传播，有些病毒能保持10年以上的传染性。

如果遇到抗病能力强的蛾蝶类害虫，还可以用两种病毒混合起来消灭它。另外，一些不易感染病毒病的害虫，却很容易传染细菌性疾病。因此，就可以采用病毒和细菌“双管齐下”的方案，使害虫患病死亡。

我们可以满怀信心地说，经过人们的努力，在未来的年代里，害虫一定能被人类所控制。

庄稼的“药剂师”

人会生病，动物会生病，庄稼也会生病。

自从青霉素问世以来，医生手里抗生素的种类愈来愈多了。许多从前认为是凶险的不治之症，都能用抗生素极有成效地对付。但是，你可曾想到，科学家已经开始把抗生素用在给庄稼治病上。

用抗生素给庄稼治病，这不是比神话故事更为奇妙吗？

一、抗生素是从哪里来的？

多问几个为什么

也许你对青霉素、链霉素、金霉素这类抗生素药物的名字，并不十分陌生，而且在你有病的时候，还曾经用过它。

可是你想过没有，这些抗生素是从哪里来的？

如果提这样的问题，很多人将答不上来。他们也许会嗤笑你，再不然就是不了了之地说：“你怎么想起这样的问题来啦？”

是啊，我们周围有许许多多非常平凡的东西，因为天天见面，熟悉得很，所以不会再对它们提出什么问题了。

其实，人们使用的每一样东西，都有它被人们发现、发明和使用的历史。

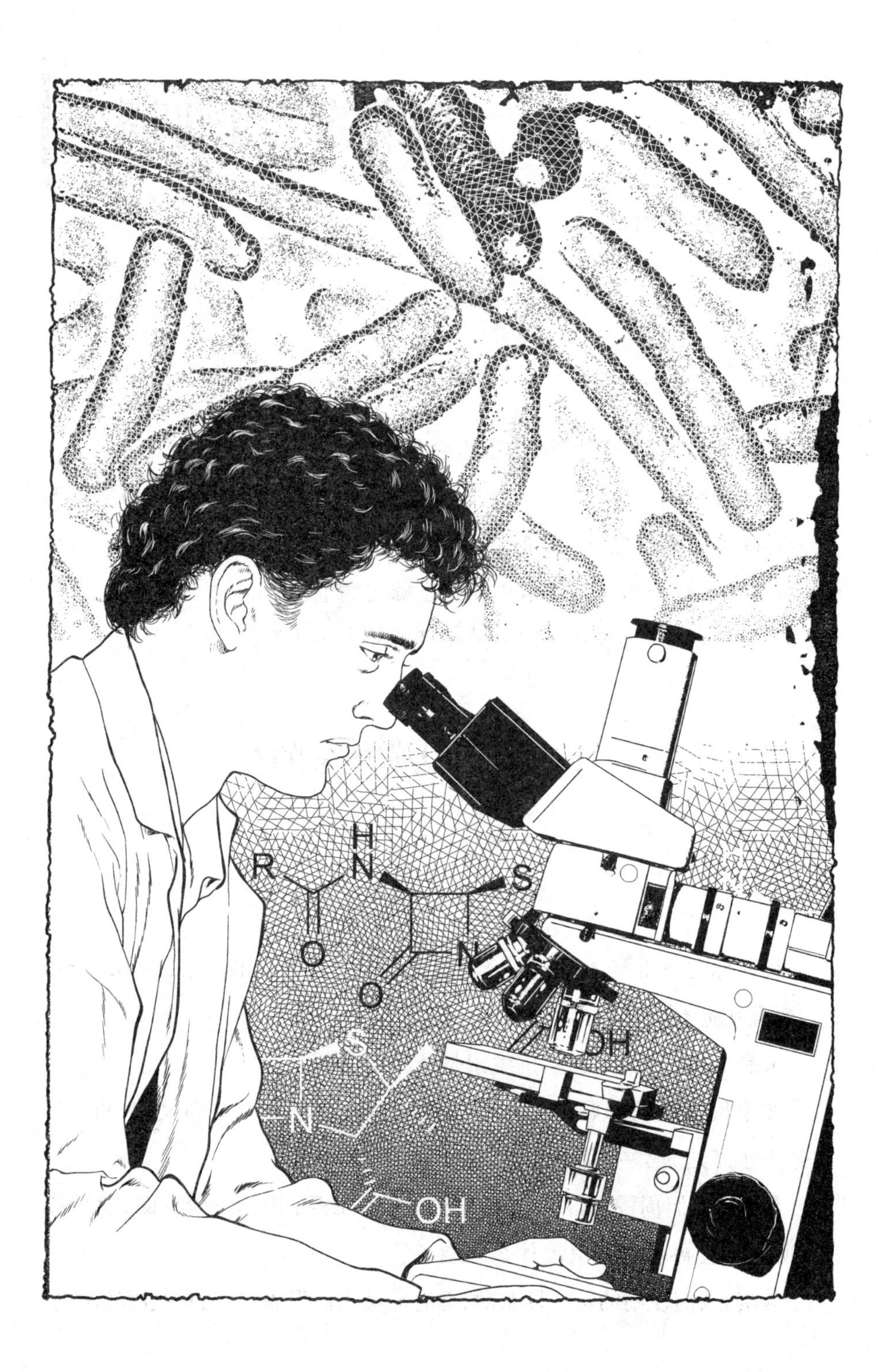
H
R N S
O N
O
S
OH
N
OH

就拿我们这一章的主人公——抗生素来说吧，它是怎样被人发现和使用的呢？

现在我们就来谈谈这个问题。

谁都知道，自然界中有多得使人难以相信的微生物。有人计算过，一克表层土壤里就有几千万、几亿甚至几十亿的微生物。它们的种类非常多，其中最多的是细菌、真菌、放线菌等。这些微生物小得很，没有显微镜是无法看清的。

就是这些肉眼看不见的各种微生物，彼此间也存在着互相依存或互相制约的关系。有些微生物能和睦共处；有的能互助互利；但也有不少微生物，彼此视如仇敌，你打我，我打它。科学工作者发现：有一些霉菌、放线菌在新陈代谢过程中能分泌出抗菌物质，这种物质具有抑制敌对微生物生长发育的作用，甚至能把它们置于死地。

现在，你就不会感到奇怪了，医院里使用的一些疗效高、毒性低、治疗范围广的抗生素，都是从一些霉菌、放线菌、细菌在新陈代谢过程中所产生的物质里提取的。

你也许还要问：人们当初是怎样想到利用霉菌等提取抗菌素来给人治病的呢？

这问题提得好。

人们对于知识的理解，往往是在多问几个为什么的过程中逐渐掌握的。

现在，就让我们打开抗菌素历史的扉页，弄清这个问题的来龙去脉吧。

从偶然中得到启示

在第二次世界大战期间，有许多伤兵因感染了病菌而失去了生命。

医学界的人们为挽救这些伤兵而绞尽了脑汁。

奇迹终于在科学家的实验室里降临了。

有一次，在葡萄球菌生长的培养皿里，从空气中偶然掉进了一个“青霉菌”。几天以后，发现在青霉菌生长的附近，原来已长得非常旺盛的葡萄球菌被抑制了生长。

科学家们被这偶然发生的现象迷住了。

一个接一个的问号涌上了他们的脑际。

为了寻求问题的正确答案，科学家们用人工大批地培养了青霉菌。从培养液中，分离出一些物质，其中有一种能抑制葡萄球菌及其他多种病菌生长的物质，这就是被人类发现的第一种抗生素——青霉素。后来，又经过不断地研究，才找到了一套大规模生产青霉素的方法。

就这样，青霉素这个科学的骄子，在人间降临了！

抗菌素的出现，使全世界人口的寿命，平均增长了10岁。

向微生物世界进军

世界上的许多事情，相互之间常常有很微妙的联系。认识这些联系，并加以利用，就会出人意料地大显神通。

在微生物世界中，各类微生物之间的相互关系是非常复杂的。它们往往在自己的新陈代谢过程中，分泌出某些物质，足以抑制其他种类微生物的生长，这类物质就是抗菌素。各种微生物所产生的抗菌素并不是都可以用来为人类治病的，必须是对人体组织毒性小，而对某些致病的微生物的抑制能力相当强的才能使用。因此，要找到一种能用于治病的新抗菌素，也不是一件轻而易举的事。

青霉素被人们发现以后，世界各国的科学工作者掀起了向微生物世界进军的热潮，他们竞相研究，以求找到更多的能治病的抗菌素。

当然，这就不能依靠偶然的机会了，而是要有意识地从土壤中寻找各种微生物，研究它们的生活习性，从它们的新陈代谢产物中分离出各种物质，试验各种物质对各类病菌的作用等等。因此，必须经过生物学、化学、药物学等多种学科的综合研究，创造出一套完整的工业生产方法。所以说，抗生素药物的生产是近代科学综合性发展的成果。

近几年来，我国又研究和生产了许多种新的抗生素，使过去被认为是

“不治之症”的某些农作物病害也能“药到病除”。

二、甘薯的“内服药”

迈出了新的步伐

甘薯有很多别号:北京叫白薯;山东叫地瓜;四川叫红薯;皖北叫白芋;江苏叫山芋;浙江、福建、广东叫番薯……

你一定吃过甘薯。这种甜而可口的食物可能会使你很感兴趣。

令人不能容忍的是,病菌也向它伸出了魔爪。

黑斑病菌就是甘薯的大敌,要是甘薯感染了这种菌,就会患黑斑病。那本来是光滑的薯块上,出现了黑褐色的斑点。斑点不断地向外扩展,连结在一起,就形成一个大的黑斑。黑斑的轮廓清晰,界线分明,中央还稍向下凹陷。

如果遇到潮湿的环境,黑斑上就会生出青黑色的刺毛状物,这就是黑斑病的病菌。

患了黑斑病的甘薯,薯肉青褐色,又臭又苦,牲畜吃了也有中毒和死亡的危险。

过去,人们只是采取选用无病的薯块作种,温汤浸种,温床育苗,高剪苗等一系列措施防治甘薯黑斑病,起到了一定的作用。

我国的农业科学研究人员,为彻底消灭黑斑病一直进行着顽强的探索。他们深入实际,调查研究,终于发现了一种新的抗生素——内疗素。内疗素内吸性强,好像是庄稼的“内服药”。甘薯“服用”内疗素后,黑斑病的“治愈”率达到了令人满意的效果。它标志着我国对甘薯黑斑病的防治工作,迈出了新的步伐。

神奇的“小化学家”

内疗素是我国研制的一种新型农用抗生素。名叫吸水刺孢链霉菌。

吸水刺孢链霉菌是个本领高明的“小化学家”,它能在短期内合成我们所需要的内疗素。

在显微镜下,吸水刺孢链霉菌的外貌并不怎么好看。你瞧,它满身枝杈,枝杈上顶着一串串褐色的孢子……

培养这种菌比较简单,在一些瓶瓶罐罐中,加进一些固体或液体的培养基,它就很“满意”了。只要空气充足,浓度适合,温度、湿度相宜,不到一个星期,它就把培养基染上一片褐色,散发出一股诱人的香气,“通知”人们快去采收。

现在,我国一些制药厂,已能成批生产内疗素的膏剂、乳剂和粉剂,以满足各种需要。

用途广阔

内疗素能杀灭潜伏于植物组织内部的某些致病真菌。

目前,内疗素对于防治甘薯黑斑病、橡胶割面溃疡病,苹果树腐烂病等,都获得了较好的效果。

据北京、辽宁、山东的实践经验,用50~100单位的内疗素溶液浸沾薯种,晾干后上炕育苗,可以减少烂炕,降低黑斑病的发病率,增加出苗率。

用内疗素浸沾薯苗,对防治黑斑病也有很好效果。据北京市顺义县木林乡东治头村的实验,经过内疗素处理的薯苗,黑斑病发病率为5%,而对照种苗发病率达20%~60%。

随着群众性科学实验活动的开展,内疗素的用途也越来越广泛了。

海南岛用1400倍的内疗素防治橡胶割面溃疡病,其效果接近0.5%的化学农药“溃疡净”。

辽宁省用内疗素防治苹果树腐烂病,治愈率达80%~90%。

用内疗素防治甘薯黑斑病等植物病害，才仅仅是开始，人们正继续进行研究，决心使这种庄稼的“内服药”发挥更大的作用。

三、稻苗青青

可恶的稻瘟病

当水稻正在旺盛地生长拔高的时候，它的叶子碧绿，茎秆青青，生机盎然，十分喜人。

可是，如果水稻这时候害了稻瘟病，就完全是另外一种模样了：茎叶开始慢慢变黄、发黑，像被火烧了一样；粗壮的稻秆也会变软，一点力气也没有，风一吹就倒。从此，水稻就一病不起，再也不能扬花结籽了。

这种病是怎么得的呢？

原来，稻瘟病是由一种真菌引起的，这种真菌叫做“稻瘟菌”。稻瘟菌的菌丝体能侵染水稻植株，破坏水稻组织。

查一下水稻的病史，可以知道，人们曾跟稻瘟病进行过不懈地斗争。

“稻瘟净”、“稻瘟散”、“西力生”等化学杀菌剂，曾一时被誉为防治稻瘟病的良药。

但是，事物总是不断发展的，永远不会停留在一个水平上。后来，人们又发现了一种防治稻瘟病的药物，在水稻病害的防治工作中，写下了新的一页。

名实相符

这种新的药物叫做“灭瘟素”。

灭瘟素是一种由放线菌产生的农用抗生素。菌种是中国科学院微生物研究所的科研人员从我国的土壤中分离出来的。

灭瘟素具有内吸性能强、耐雨冲刷等优点。防治水稻稻瘟病有很高的疗效。

在我国江南水稻产区，许多人民公社和生产大队，已经能用土法生产灭瘟素了。

土法生产的灭瘟素大显神通。据福建省三明地区真菌试验站试验，这种灭瘟素对稻瘟病的防治效果一般为70%～80%，高者达到90%。

灭瘟素消灭稻瘟，真是名实相符啊！

多少年来，稻瘟净、稻瘟散、西力生等化学杀菌剂，一直是防治稻瘟病的主要药物，然而，当新型农用抗生素——灭瘟素问世后，它们就要“告老退休”了。

丰收的喜讯

水稻在整个生长过程中，时时刻刻都受着稻瘟菌的威胁。

稻瘟病只是个总称。详细分起来，又可以分为苗稻瘟、叶稻瘟、茎稻瘟等等。

有了灭瘟素这种新型的农用抗生素，那么，不管水稻在哪个生长阶段患了稻瘟病，喷洒这种药物以后，都能收到立竿见影的效果。

灭瘟素在防治稻瘟病的战斗中，确实立下了汗马功劳。稻田里喷了这种抗生素后，稻苗青青，生机勃勃，给人们带来了丰收的希望。1969年，山东省滕县宁康乡用灭瘟素进行大田实验，平均每亩增产80%。

丰收的喜讯也从全国各地频频传来……

四、茶林换新颜

从喝茶谈起

茶，是人们生活的益友。每日工余饭后，喝上几杯热茶，顿觉心神爽快,倦意全消。

茶是一种多年生常绿植物。我国云南是茶的发源地,用人工栽茶已有几千年的历史。早在《诗经》上就提到“采茶”。唐代陆羽著有《茶经》,这是我国第一部茶书,对茶的功能、采摘、加工等方面都有精湛的见解。

茶不但味香俱全,还有药物疗效,因而,很受群众喜爱。

茶叶中含有大量单宁。单宁神通广大,能解剧毒,有收敛、杀菌作用。据《神农本草》记载:神农尝百草、日遇七十二毒,得茶而解之。如有铅、锌等金属和生物碱等毒汁误入人体,医生常用单宁作解毒剂,使毒素迅速分解,排出体外。单宁还可以助消化,去痰垢。以肉类、乳制品为主食的内蒙、西藏等地区的少数民族,人们每天必喝酥油茶数碗,就是因茶能助消化,增养分。

茶叶中还含有少量的咖啡因、芬香油和维生素 C。具有兴奋大脑、提神解倦、强心利尿的作用,热浓茶可作醒酒剂。绿茶中含维生素 C 较多,还可预防坏血病。

茶叶的经济价值也很高。每出口一吨茶叶可换回十几吨钢材,无怪乎茶农骄傲地称茶叶为“绿色的钢铁”了。

金色链霉菌的贡献

茶林是我国的宝贵财富。然而,在它的生长过程中,也无时不受到各种疾病的威胁。

茶云纹枯病就是茶树的大敌。

在我国南方各省茶叶产区,每年茶树的发病率都在 40% ~ 60%左右,严重的达 90%以上。

这种病一泛滥,绿油油的茶林再也没有那种生机勃勃的容颜了,叶子大都卷缩,失去了光泽。

长期以来,人们曾采用多种化学药剂来跟这种病害作战,但都不够理想。

1964 年,我国试制成功了一种新的抗生素——放线酮,对防治茶云纹枯病有特效。

放线酮是金色链霉菌所产生的一种抗真菌能力较强的抗生素。它的最大优点是内吸性强，抗真菌范围广。

湖南省多年来应用放线酮防治茶云纹枯病，取得了良好效果。

每年五月中旬和七月中旬，用30单位浓度的放线酮各喷茶林一次，就可以防治病害的发生。1969年，湖南省在25个县，50多个国营茶场和乡、村的22000多亩茶园中推广使用，防治效果达80%左右。喷过放线酮的茶林生长旺盛，病叶少，芽叶肥壮，叶色嫩绿，呈现出一派喜人的景象。

茶叶在生产季节是经常要采摘的。一般每隔5～7天要采摘一次，而茶树病害的发生也都是在采摘的高峰期，如果喷洒什来特、代森锌、石硫合剂、波尔多液等药物，那么喷药后隔10～20多天方可采摘，对茶叶质量也有影响，因而在生产季节无法使用。而放线酮有效期短，喷药后5天就可采摘，是目前茶树上使用的一种最理想的药物。

一专多能

放线酮喷到茶树上以后，不但可以防治茶树的主要病害——茶云纹枯病，而且对茶树的其他病害，如茶软斑病、炭疽病、褐色叶斑病、赤叶斑病、枝干黑点病等也有70%以上的防治效果。

实践已经证明：放线酮用于防治水稻稻瘟病、恶苗病、棉花角斑病、棉腐病、油菜菌核病、小麦锈病、红薯瘟、梨病、柑橘溃疡、番茄青枯病等十余种作物的真菌病害，均取得了良好的效果。

放线酮防治甘薯黑斑病，效果也是令人满意的。用10～15单位药液喷薯苗、种薯，可以防烂、防病，并有促进发芽多，出苗快，苗粗壮的作用。

1970年，辽宁省锦州市农科所，在锦州地区小麦锈病发病初期，实验用放线酮喷雾，效果比“敌锈钠”好。用15～20单位药液防治小麦叶锈病，最高防治率达86.9%；用10～15单位放线酮治小麦秆锈病，最高防治率达95.5%。

五、前景诱人

灭瘟素的“伙伴”

内疗素、灭瘟素、放线酮等抗生素的出现，挽救了很多作物的生命，促进了农业丰收。因此，人们亲昵地称产生这些抗生素的微生物为庄稼的“药剂师”。

在抗生素的家族中，不断有新的成员诞生。

春雷霉素问世后，与灭瘟素结成了亲密的伙伴，为水稻的丰收，共同立下了战功。

春雷霉素是“小金色放线菌”的代谢产物。这种菌是1964年我国科学工作者从江西省泰和县的土壤中分离获得的。

奇妙的是，春雷霉素不但内吸性强，而且还具有在体内运转的作用。实验证明，稻株叶片吸收药液后，能把药液运输到其他叶片，使未接触药剂的叶片也有一定的防病能力。

从1970年开始，湖南、广东、四川等16个省、市土法生产春雷霉素陆续获得成功，如用40～60单位浓度的药液喷雾，防治稻瘟病，效果达70%～80%。

春雷霉素还可以防治葡萄炭疽病，用30～40单位浓度的药液喷病果，不但能抑制病的蔓延，而且能促使果实大、味道甜。

受人欢迎的“878”

棉田里一片浓绿，枝条纵横，叶片交叠，谁看见也会赞道：“好”！

可它为什么长得这样好呢？

当然，原因是多方面的。其中也有“878”抗生菌剂的一份功劳。

“878”抗生菌剂是从黄褐色球胞放线菌中提取的。这种菌是我国科学工作者1955年从武昌市郊区的棉田土壤中分离出来的。

棉花幼苗期最容易患炭疽病，患了这种病以后，死苗率高，严重影响了棉花的产量和质量。

湖北省农科所，从1968年开始，经过五年多的实验，证明了“878”对棉苗炭疽病防治效果显著、稳定，超过了赛力散。

1972年，湖北省沔阳县红潭乡某村，用自己土法生产的“878”抗生菌粉剂拌棉花种子。结果苗儿出得齐，病苗少，苗病轻，子叶青秀肥壮，防病效果达到75.5%以上。

“878”抗生菌剂不仅促进了棉花的丰收，据实验，它对桃炭疽病、苹果炭疽病、柑橘炭疽病、葡萄黑豆病、稻瘟病、小麦赤霉病、蚕豆褐斑病等也有一定的抗菌作用，深受农民的欢迎。

展望未来

亲爱的读者！在这一章里，我本想为我们的主人公——抗生素，写一份完整的“家谱”。然而，当我写到这里的时候，发现我的想法是不现实的。

祖国的科学事业正向前发展。农用抗生素的“家族”中，也不断有新的成员问世，因此，这份“家谱”是永远也续不完的。

目前，已经填入抗生素“家谱”的成员，我也没有写完。

如果你愿意的话，我还可以举出好多例子。

就拿我们的老相识——链霉素来说吧，实践已经证明，它是一种医、农两用抗生素。用十万分之一的链霉素溶液浸黄瓜种子，能保证黄瓜一生不受叶锈病的侵害。

灰黄霉素是医药上治疗真菌性皮肤病的特效药。然而，你可曾知道，这种由灰黄青霉菌产生的抗生素，在农业战线上也大显了神通，用它防治甜瓜蔓枯病、苹果花腐病、果树腐烂病、稻瘟病等多种作物的真菌性病害，都优于化学农药。

展望未来，我们可以断言：抗生素将完全代替化学农药，农作物病害的一些所谓“不治之症”，将一个个被抗生素治愈。

现在，我国农用抗生素的“家族”越来越昌盛，越来越繁荣。

新的农用抗生素——争光霉素、“1496”抗生菌剂……，像雨后春笋，不断涌现。它给我们带来了这样的希望：彻底消灭作物的各种病害，虽然还需要经过一个漫长的过程。但只要我们坚持不懈，努力奋斗，那么，人类彻底消灭病虫害的理想是一定能够实现的。

知识就是力量！

青少年一代，奋发努力吧！